10 일에 완성하는 도형 계산 총정리

연산법
시리즈

징검다리 교육연구소 지음

바쁜 빠른

초등학생을 위한

입체도형 계산

개념부터
활용까지!

한 권으로
총정리!

- 각기둥과 각뿔
- 원기둥, 원뿔, 구
- 부피와 겉넓이

이지스에듀

지은이 징검다리 교육연구소

징검다리 교육연구소는 바쁜 친구들을 위한 빠른 학습법을 연구하는 이지스에듀의 공부 연구소입니다.
아이들이 기계적으로 공부하지 않도록, 두뇌가 활성화되는 과학적 학습 설계가 적용된 책을 만듭니다.

바빠 연산법 - 10일에 완성하는 영역별 연산 시리즈
바쁜 초등학생을 위한 빠른 입체도형 계산

초판 발행 2022년 7월 20일
초판 4쇄 2024년 12월 15일
지은이 징검다리 교육연구소
발행인 이지연
펴낸곳 이지스퍼블리싱(주)
출판사 등록번호 제313-2010-123호
주소 서울시 마포구 잔다리로 109 이지스빌딩 5층(우편번호 04003)
대표전화 02-325-1722   팩스 02-326-1723
이지스퍼블리싱 홈페이지 www.easyspub.com   이지스에듀 카페 www.easysedu.co.kr
바빠 아지트 블로그 bolg.naver.com/easyspub   인스타그램 @easys_edu
페이스북 www.facebook.com/easyspub2014   이메일 service@easyspub.co.kr

본부장 조은미   기획 및 책임 편집 김현주 | 박지연, 정지연, 이지혜   원고 구성 송민진   교정 교열 방혜영
표지 및 내지 디자인 정우영, 손한나   그림 김학수, 이츠북스   전산편집 이츠북스   인쇄 보광문화사
영업 및 문의 이주동, 김요한(support@easyspub.co.kr)   마케팅 라혜주   독자 지원 박애림, 김수경

ISBN 979-11-6303-382-0   64410
ISBN 979-11-6303-253-3(세트)
가격 12,000원

알찬 교육 정보도 만나고 출판사 이벤트에도 참여하세요!

1. 바빠 공부단 카페
cafe.naver.com/easyispub

2. 인스타그램
@easys_edu

3. 카카오 플러스 친구
이지스에듀 검색!

• **이지스에듀**는 이지스퍼블리싱의 교육 브랜드입니다.
  (이지스에듀는 아이들을 탈락시키지 않고 모두 목적지까지 데려가는 책을 만듭니다!)

"펑펑 쏟아져야 눈이 쌓이듯, 공부도 집중해야 실력이 쌓인다."

교과서 집필 교수, 영재교육 연구소, 수학 전문학원, 명강사들이 적극 추천하는 '바빠 연산법'

'바빠 연산법' 시리즈는 학생들이 수학적 개념의 이해를 통해 수학적 절차를 터득하도록 체계적으로 구성한 책입니다.

김진호 교수(초등 수학 교과서 집필진)

한 영역의 계산을 체계적으로 배치해 놓아 학생들이 '끝을 보려고 달려들기'에 좋은 구조입니다. 계산 속도와 정확성을 완벽한 경지로 올려 줄 것입니다.

김종명 원장(분당 GTG수학 본원)

사칙 연산과 달리 도형 계산은 이해를 통한 접근이 중요합니다. '바빠 입체도형 계산'은 도형의 이해부터 시작해 적절한 반복을 통한 접근으로 아이들에게 쉽고 재미있는 도형 교재가 될 것입니다!

한정우 원장(일산 잇츠수학)

이 책은 도형과 수의 연결을 통해 기하의 수학적 의미를 발견하고 논리적으로 생각하는 사고력을 배울 수 있어 적극 추천합니다!

박지현 원장(대치동 현수학학원)

친절한 개념 설명과 문제 풀이 비법까지 담겨 있어 연산 실력을 단기간에 끌어올릴 수 있는 최고의 교재입니다. 수학의 기초가 부족한 고학년 학생에게 '강추' 합니다.

정경이 원장(하늘교육 문래학원)

'바빠 연산법' 시리즈는 수학적 사고 과정을 온전하게 통과하도록 친절하게 안내하는 길잡이입니다. 이 책을 끝낸 학생의 연필 끝에는 연산의 정확성과 속도가 장착되어 있을 거예요!

호사라 박사(분당 영재사랑 교육연구소)

도형 계산이 힘든 이유가 무엇일까요? 이해하지 못하고 공식으로 암기만 했기 때문입니다. 친절한 개념 설명이 담긴 바빠 입체도형 계산으로 입체도형의 기초부터 심화 문제까지 완성할 수 있을 것입니다.

김민경 원장(동탄 더원수학)

초등 과정의 입체도형이 한자리에 모두 모였네요. 이 책은 초등 과정에서 꼭 알아야 할 입체도형의 필수 개념과 계산 문제가 모두 정리되어 있네요. 도형을 어렵게 생각했던 친구들에게 자신감을 갖게 해 줄 '바빠 입체도형 계산'을 추천합니다.

남신혜 선생(서울 아카데미 학원)

고학년 도형의 완성
'입체도형 계산'을 탄탄하게!
입체도형의 개념 이해부터 활용 문제까지 한 권으로 끝낸다!

**모든 학생이
어려워하는
도형 계산!
왜 어려울까?**

사칙 연산 문제는 척척 잘 푸는 친구도 도형 계산은 어려워하는 경우가 많습니다. 왜 그럴까요? 도형 계산 문제를 풀어내려면, 도형의 정의와 그 특징들을 토대로 공식을 대입해야 하기 때문입니다.

도형은 그 어떤 영역보다 더 많은 용어와 공식을 담고 있습니다. 따라서 도형 공부를 할 때는 공식만을 달달 외워 푸는 것이 아니라, 그 공식이 어떻게 나왔는지 원리부터 이해한 다음 문제에 적용하는 것에 익숙해져야 합니다.

**도형 계산을
잘하려면
어떻게 해야 할까?**

초등 수학에서 입체도형은 5학년 때부터 나옵니다. 3학년 때 도형의 이름과 특징을 배우고, 4학년부터 평면도형의 계산을 배우지요. 그런 다음 5~6학년 때 입체도형을 배웁니다.

도형 계산을 잘하고 싶다면 직육면체, 각기둥, 각뿔부터 원기둥, 원뿔, 구에 이르기까지 여러 학년에 걸쳐 뜨문뜨문 배웠던 부분을 하나로 묶어 정리해 보세요! 띄엄띄엄 배워, 잊어먹었던 지식이 구슬이 꿰어지듯 하나로 엮이면서, 입체도형에 대한 개념이 체계적으로 잡히고 그에 맞는 풀이를 생각하는 것 역시 쉬워집니다.

이 책은 5학년 때 배우는 '직육면체'부터 6학년의 '각기둥과 각뿔', '직육면체의 부피와 겉넓이', '공간과 입체', '원기둥, 원뿔, 구'까지 조각조각 흩어진 초등 수학의 입체도형 내용을 한 권에 담았습니다. 문제를 풀기 전 친절한 설명으로 개념을 쉽게 이해하고, 충분한 연산 훈련으로 조금씩 어려워지는 문제에 도전합니다. 특히, 학생들이 가장 어려워하지만, 시험에 꼭 나오는 문장제 문제와 단계적으로 푸는 활용 문제까지 다뤄 학교 시험에도 대비할 수 있습니다.

초등 도형으로 중학 수학 절반의 기초를 다질 수 있다!

초등 수학은 크게 수 연산과 도형으로 나누어져 있습니다. 중학 수학 역시 1학기는 수 연산 영역, 2학기는 도형(기하) 영역입니다. 또 중학 수학에서 사용되는 도형의 기초와 기본 공식은 모두 초등 수학에서 배웁니다. 따라서 초등학교 때 도형의 기초를 탄탄하게 다지지 않으면 중학 수학의 반을 포기하는 것과 같습니다.

따라서 선행보다 더 중요한 부분이 바로 도형을 초등학교 때 확실히 알고 넘어가는 것입니다. 초등학생 때 '도형'을 탄탄하게 다지고 넘어간다면 2학기 중학 수학 역시 쉬워질 수밖에 없겠지요?

탄력적 훈련으로 진짜 실력을 쌓는 효율적인 학습법!

'바빠 입체도형 계산'은 단기간 탄력적 훈련으로 같은 시간을 들여도 더 효율적인 진짜 실력을 쌓는 학습법을 제시합니다.

간단한 연습만으로 충분한 단계는 빠르게 확인하고 넘어가고, 더 많은 학습량이 필요한 단계는 충분한 훈련이 가능하도록 확대하여 구성했습니다. 또한, 하루에 2~3단계씩 10~20일 안에 풀 수 있도록 구성하여 단기간 집중적으로 학습할 수 있습니다. 집중해서 공부하면 전체 맥락을 쉽게 이해할 수 있어서 한 권을 모두 푸는 데 드는 시간도 줄어들고, 펑펑 쏟아져야 눈이 쌓이듯, 실력도 차곡차곡 쌓입니다.

이 책으로 입체도형을 이해하고 입체도형의 계산까지 집중해서 연습하면 초등 도형을 슬기롭게 마무리하고, 2학기 중학 수학도 잘하는 계기가 될 것입니다.

왜 '바빠 연산법' 일까?

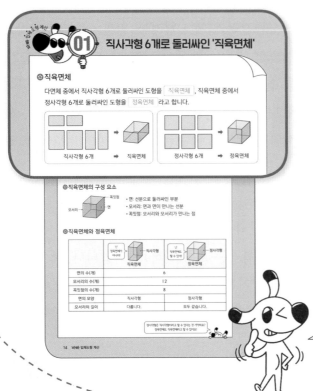

무조건 풀지 않는다! 개념을 보고 '느낌 알면서~.'

개념을 바르게 이해하지 못한 채 생각 없이 문제만 풀다 보면 어느 순간 벽에 부딪힐 수 있어요. 기초 체력을 키우려면 영양소를 골고루 섭취해야 하듯, 도형 계산도 훈련 과정에서 개념과 원리를 함께 접해야 기초를 건강하게 다질 수 있답니다.

오호! 제목만 읽어도 개념이 쏙쏙~.

우왓! 비법을 아니 쉽네? '바빠 꿀팁'과 빠독이의 힌트를 확인해 봐요.

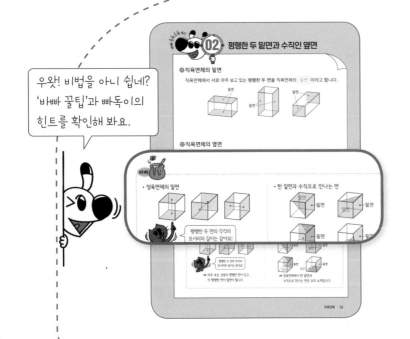

책 속의 선생님! '바빠 꿀팁'과 빠독이의 힌트로 선생님과 함께 푼다!

문제를 풀 때 알아두면 좋은 꿀팁부터 실수를 줄여주는 꿀팁까지! '바빠 꿀팁'과 책 곳곳에서 알려주는 빠독이의 힌트로 쉽게 이해하고 풀 수 있어요. 마치 혼자 푸는데도 선생님이 옆에 있는 것 같은 기분!

종합 선물 같은 훈련 문제

실력을 쌓아 주는
바빠의 '작은 발걸음' 방식!

쉬운 내용은 빠르게 학습하고, 어려운 부분은 더 많이 훈련하도록 구성해 학습 효과를 높였어요. 또한 조금씩 수준을 높여 도전하는 바빠의 '작은 발걸음 방식(small step)'으로 몰입도를 높였어요.

느닷없이 어려워지지 않으니 끝까지 풀 수 있어요~.

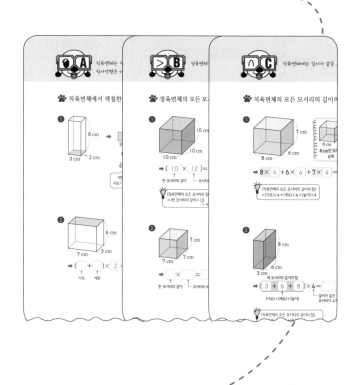

생활 속 언어로 이해하고,
활용 문제도 한 단계씩 풀어 해결하니 자신감이 저절로!

단순 계산력 문제만 연습하고 끝나지 않아요. 개념을 한 번 더 정리해 최종 점검할 수 있는 쉬운 문장제 문제와 활용 문제도 한 단계씩 풀어 해결할 수 있는 단계 문제로 완벽하게 자신의 것으로 만들어요!

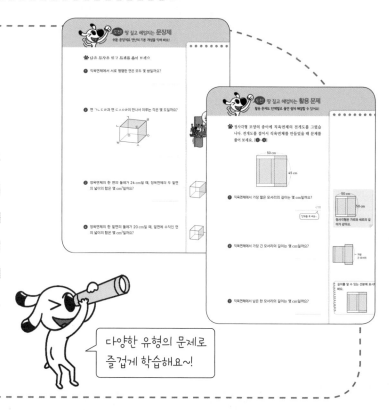

다양한 유형의 문제로 즐겁게 학습해요~!

바쁜 초등학생을 위한 빠른 입체도형 계산

입체도형 계산 진단 평가

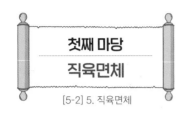

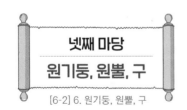
특별 부록: 초등 도형 공식 총정리

정답 및 풀이

바쁜 초등학생을 위한 빠른 입체도형 계산

고학년을 위한 10분 진단 평가

이 책은 6학년 1학기 수학 공부를 마친 친구들이 푸는 것이 좋습니다.
공부 진도가 빠른 5학년 학생 또는 도형 계산이 헷갈리는 예비 중학생에게도 권장합니다.

내 실력은 어느 정도일까?

10분 진단

평가 문항: 20문항

아직 6학년 공부를 시작하지 않은
학생은 풀지 않아도 됩니다.

➜ 바로 20일 진도로 진행!

진단할 시간이 부족할 때

5분 진단

짝수 문항만
풀어 보세요~.

평가 문항: 10문항

학원이나 공부방 등에서
진단 시간이 부족할 때 사용!

⏰ 시계가 준비됐나요?
자! 이제 제시된 시간 안에 진단 평가를 풀어 본 후
12쪽의 '권장 진도표'를 참고하여 공부 계획을 세워 보세요.

①~⑩번은 평면도형 계산 문제입니다.

🐾 다각형의 넓이를 구하세요.

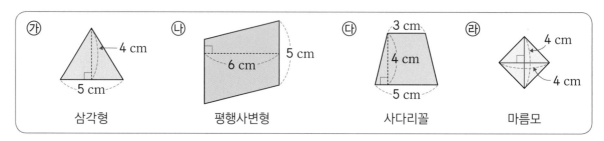

① ㉮:

② ㉯:

③ ㉰:

④ ㉱:

🐾 서로 합동인 두 삼각형입니다. ☐ 안에 알맞은 수를 써넣으세요.

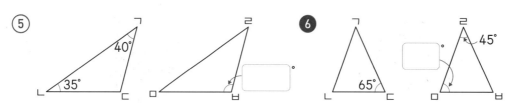

🐾 직선 ㄱㄴ을 대칭축으로 하는 선대칭도형입니다. ☐ 안에 알맞은 수를 써넣으세요.

🐾 점 ㅇ을 대칭의 중심으로 하는 점대칭도형입니다. ☐ 안에 알맞은 수를 써넣으세요.

🐾 입체도형의 이름을 쓰세요.

⑪ 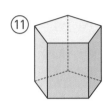 _____

⑫ _____

🐾 직육면체의 부피 또는 겉넓이를 구하세요.

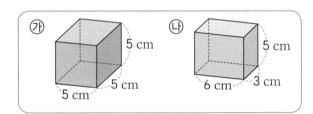

㉮ 5 cm 5 cm 5 cm

㉯ 5 cm 6 cm 3 cm

⑬ ㉮의 부피: _____   ⑭ ㉯의 부피: _____

⑮ ㉮의 겉넓이: _____   ⑯ ㉯의 겉넓이: _____

🐾 입체도형을 보고 물음에 답하세요. (원주율: 3)

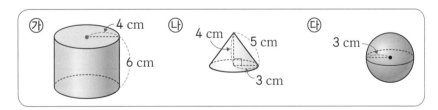

㉮ 4 cm 6 cm   ㉯ 4 cm 5 cm 3 cm   ㉰ 3 cm

⑰ ㉮의 이름: _____   ⑱ ㉰의 이름: _____

⑲ ㉯를 앞에서 본 모양의 넓이: _____

⑳ ㉰를 앞에서 본 모양의 넓이: _____

나만의 공부 계획을 세워 보자

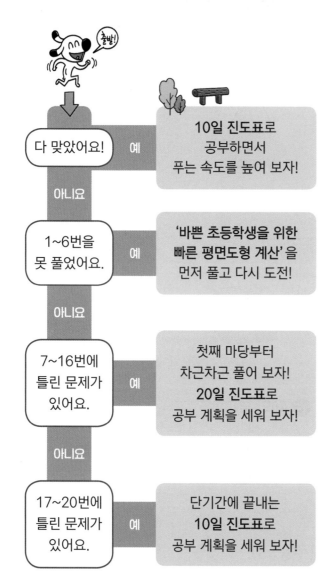

다 맞았어요! — 예 → **10일 진도표**로 공부하면서 푸는 속도를 높여 보자!

아니요

1~6번을 못 풀었어요. — 예 → **'바쁜 초등학생을 위한 빠른 평면도형 계산'**을 먼저 풀고 다시 도전!

아니요

7~16번에 틀린 문제가 있어요. — 예 → 첫째 마당부터 차근차근 풀어 보자! **20일 진도표**로 공부 계획을 세워 보자!

아니요

17~20번에 틀린 문제가 있어요. — 예 → 단기간에 끝내는 **10일 진도표**로 공부 계획을 세워 보자!

권장 진도표

★	20일 진도	10일 진도
1일	01	01~03
2일	02	04~05
3일	03	06~07
4일	04	08
5일	05	09~10
6일	06	11~12
7일	07	13~14
8일	08	15~16
9일	09	17~18
10일	10	19~20
11일	11	
12일	12	
13일	13	
14일	14	
15일	15	
16일	16	
17일	17	
18일	18	
19일	19	
20일	20	

야호! 총정리 끝!

진단 평가 정답

① 10 cm² ❷ 30 cm² ③ 16 cm² ❹ 8 cm² ⑤ 105 ❻ 70

⑦ 60 ❽ 110 ⑨ 12 ❿ 5 ⑪ 오각기둥 ⑫ 육각뿔

⑬ 125 cm³ ⑭ 90 cm³ ⑮ 150 cm² ⑯ 126 cm² ⑰ 원기둥 ⑱ 구

⑲ 12 cm² ⑳ 27 cm²

첫째 마당

직육면체

첫째 마당에서는 직사각형 6개로 둘러싸인 직육면체에 대해서 배워요. 보이지 않는 부분까지 잘 알 수 있도록 점선으로 나타내는 '겨냥도'와 택배 상자를 펼치듯 직육면체를 펼친 '직육면체의 전개도'까지 즐겁게 학습해 봐요!

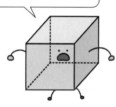

겨냥도로 확인하니 보이지 않는 부분까지 보여!

나는 사실 직육면체가 아니야! 숨겨진 부분이 있어.

	공부할 내용!	완료	10일 진도	20일 진도
01	직사각형 6개로 둘러싸인 '직육면체'	✔		1일차
02	평행한 두 밑면과 수직인 옆면	☐	1일차	2일차
03	보이지 않는 부분도 그리는 '겨냥도'	☐		3일차
04	정육면체를 잘라서 펼친 '정육면체의 전개도'	☐	2일차	4일차
05	직육면체를 잘라서 펼친 '직육면체의 전개도'	☐		5일차

직사각형 6개로 둘러싸인 '직육면체'

☆ 직육면체

다면체 중에서 직사각형 6개로 둘러싸인 도형을 직육면체 , 직육면체 중에서

정사각형 6개로 둘러싸인 도형을 정육면체 라고 합니다.

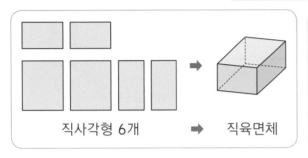

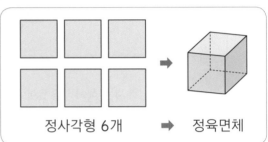

☆ 직육면체의 구성 요소

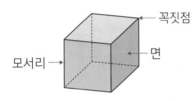

• 면: 선분으로 둘러싸인 부분
• 모서리: 면과 면이 만나는 선분
• 꼭짓점: 모서리와 모서리가 만나는 점

☆ 직육면체와 정육면체

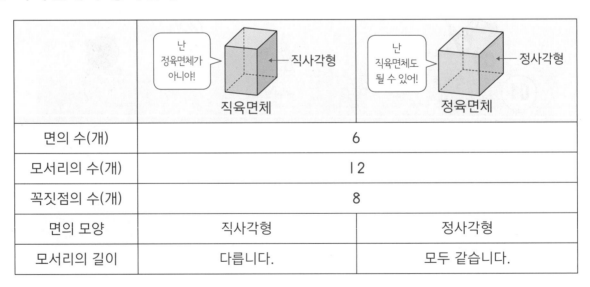

	직육면체	정육면체
면의 수(개)	6	
모서리의 수(개)	12	
꼭짓점의 수(개)	8	
면의 모양	직사각형	정사각형
모서리의 길이	다릅니다.	모두 같습니다.

정사각형은 직사각형이라고 할 수 있다는 것 기억하죠?
정육면체도 직육면체라고 할 수 있어요!

🐾 직육면체에서 색칠한 면의 둘레를 구하는 식을 쓰고 답을 구하세요.

(직사각형의 둘레)
=((가로)+(세로))×2

1

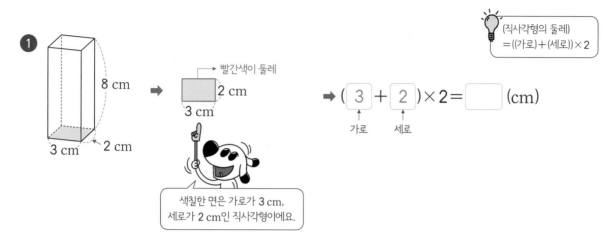

빨간색이 둘레

색칠한 면은 가로가 3 cm, 세로가 2 cm인 직사각형이에요.

➡ (3 + 2)×2= ☐ (cm)

가로   세로

2

➡ (☐ + ☐)× 2 = ☐ (cm)

가로   세로

3

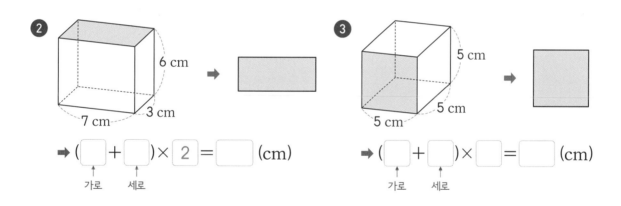

➡ (☐ + ☐)× ☐ = ☐ (cm)

가로   세로

4

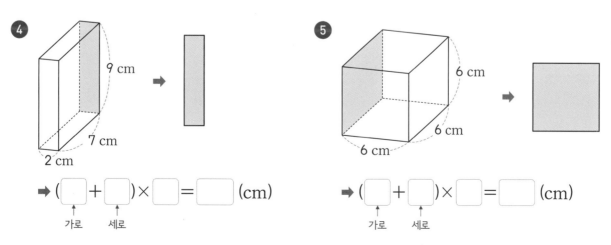

➡ (☐ + ☐)× ☐ = ☐ (cm)

가로   세로

5

➡ (☐ + ☐)× ☐ = ☐ (cm)

가로   세로

정육면체는 12개의 모서리의 길이가 모두 같아요.

🐾 정육면체의 모든 모서리의 길이의 합을 구하는 식을 쓰고 답을 구하세요.

①

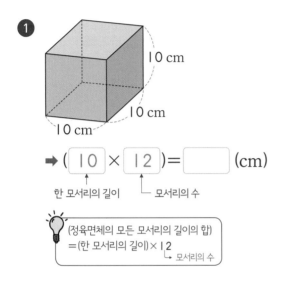

10 cm
10 cm
10 cm

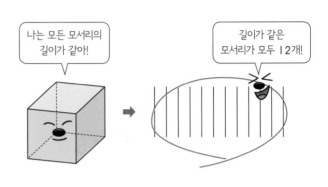

나는 모든 모서리의 길이가 같아!

길이가 같은 모서리가 모두 12개!

➡ (10 × 12) = ⬚ (cm)

└ 한 모서리의 길이   └ 모서리의 수

💡 (정육면체의 모든 모서리의 길이의 합)
  =(한 모서리의 길이)×12
  └ 모서리의 수

②

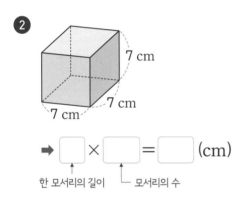

7 cm
7 cm
7 cm

➡ ⬚ × ⬚ = ⬚ (cm)

└ 한 모서리의 길이   └ 모서리의 수

③

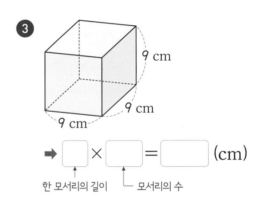

9 cm
9 cm
9 cm

➡ ⬚ × ⬚ = ⬚ (cm)

└ 한 모서리의 길이   └ 모서리의 수

④

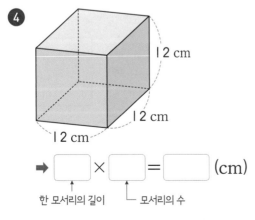

12 cm
12 cm
12 cm

➡ ⬚ × ⬚ = ⬚ (cm)

└ 한 모서리의 길이   └ 모서리의 수

⑤

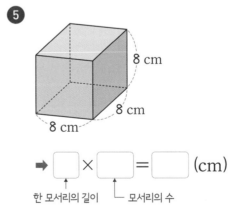

8 cm
8 cm
8 cm

➡ ⬚ × ⬚ = ⬚ (cm)

└ 한 모서리의 길이   └ 모서리의 수

 직육면체에는 길이가 같은 모서리가 4개씩 3쌍 있어요.

🐾 직육면체의 모든 모서리의 길이의 합을 구하세요.

1

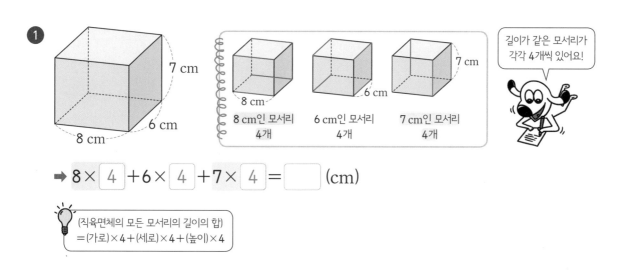

길이가 같은 모서리가 각각 4개씩 있어요!

8 cm인 모서리 4개

6 cm인 모서리 4개

7 cm인 모서리 4개

➡ $8 \times \boxed{4} + 6 \times \boxed{4} + 7 \times \boxed{4} = \boxed{}$ (cm)

💡 (직육면체의 모든 모서리의 길이의 합)
  =(가로)×4+(세로)×4+(높이)×4

2

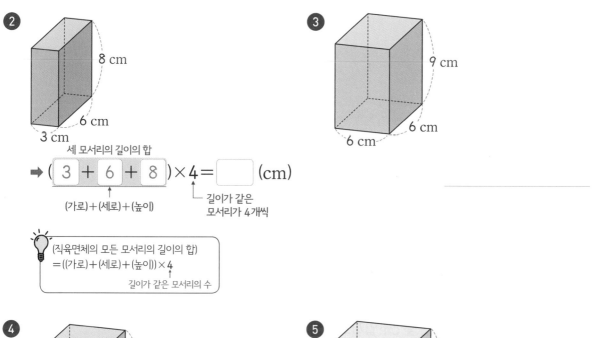

8 cm
6 cm
3 cm

세 모서리의 길이의 합

➡ $(\boxed{3} + \boxed{6} + \boxed{8}) \times 4 = \boxed{}$ (cm)

(가로)+(세로)+(높이)

└ 길이가 같은 모서리가 4개씩

💡 (직육면체의 모든 모서리의 길이의 합)
  =((가로)+(세로)+(높이))×4
  └ 길이가 같은 모서리의 수

3

9 cm
6 cm
6 cm

4

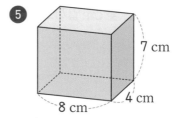

5 cm
7 cm
6 cm

5

7 cm
4 cm
8 cm

🐾 길이가 같은 철사를 구부려 각각 다음과 같은 모양의
직육면체와 정육면체를 만들었습니다. 문제를 풀어 보
세요. [①~③]

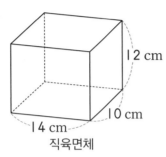
직육면체

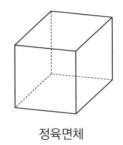
정육면체

① 직육면체의 모든 모서리의 길이의 합은 몇 cm일까요?

cm

단위를 꼭 써요~.

② 정육면체를 만드는 데 사용한 철사는 몇 cm일까요?

정육면체를 만드는 데 사용한
철사의 길이는 직육면체의 모든
모서리의 길이의 합과 같아요!

③ 정육면체의 한 변의 길이는 몇 cm일까요?

정육면체는 12개의
모서리의 길이가
모두 같아요!

⭐ 직육면체의 밑면

직육면체에서 서로 마주 보고 있는 평행한 두 면을 직육면체의 밑면 이라고 합니다.

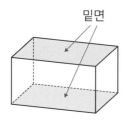 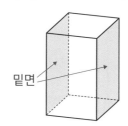 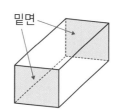

⭐ 직육면체의 옆면

직육면체에서 밑면과 수직인 면을 직육면체의 옆면 이라고 합니다.

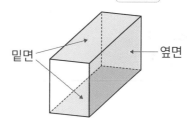

• 정육면체의 밑면	• 한 밑면과 수직으로 만나는 면
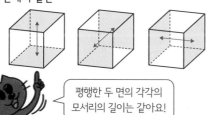	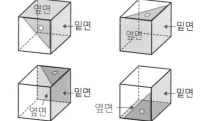
평행한 두 면의 각각의 모서리의 길이는 같아요!	
➡ 마주 보는 3쌍의 평행한 면이 있고, 이 평행한 면이 밑면이 됩니다.	➡ 정육면체에서 한 밑면과 수직으로 만나는 면은 모두 4개입니다.

 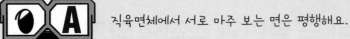

직육면체에서 서로 마주 보는 면은 평행해요.

🐾 색칠한 면과 평행한 면의 넓이를 구하세요.

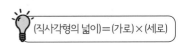

(직사각형의 넓이)=(가로)×(세로)

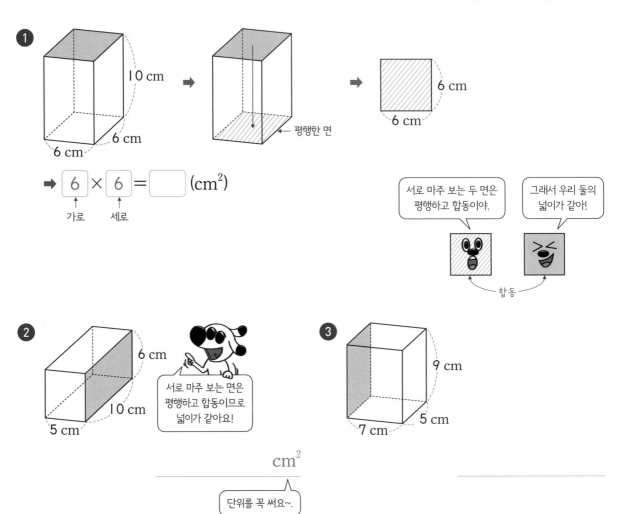

❶

→ 평행한 면

→ 6 × 6 = ▢ (cm²)

↑ 가로   ↑ 세로

서로 마주 보는 두 면은 평행하고 합동이야.

그래서 우리 둘의 넓이가 같아!

합동

❷
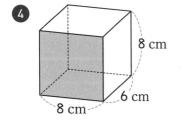

서로 마주 보는 면은 평행하고 합동이므로 넓이가 같아요!

cm²

단위를 꼭 써요~.

❸

❹

❺
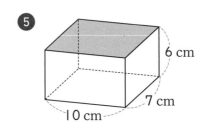

 정육면체에서 한 면과 수직인 면은 모두 4개이고, 크기가 모두 같아요.
한 면과 수직인 면의 넓이의 합은 한 면의 넓이를 4배 하면 돼요.

🐾 정육면체에서 색칠한 면과 수직인 면의 넓이의 합을 구하세요.

①

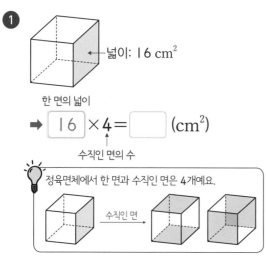

넓이: 16 cm²

한 면의 넓이

➡ [16] ×4= [   ] (cm²)

수직인 면의 수

💡 정육면체에서 한 면과 수직인 면은 4개예요.

수직인 면

②

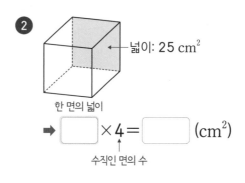

넓이: 25 cm²

한 면의 넓이

➡ [   ] ×4= [   ] (cm²)

수직인 면의 수

③

넓이: 81 cm²

cm²

④

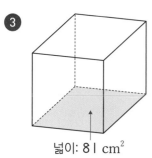

넓이: 36 cm²

⑤

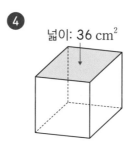

넓이: 49 cm²

⑥

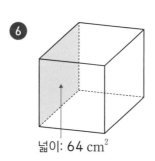

넓이: 64 cm²

한 밑면과 수직인 면은 4개가 있어요.
수직인 면을 먼저 찾은 다음 넓이를 구해 봐요.

🐾 직육면체에서 색칠한 면과 수직인 면의 넓이의 합을 구하세요.

❶

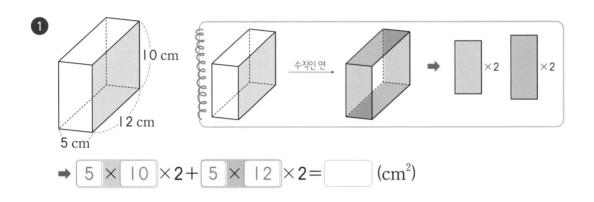

➡ $\boxed{5} \times \boxed{10} \times 2 + \boxed{5} \times \boxed{12} \times 2 = \boxed{}$ (cm²)

❷

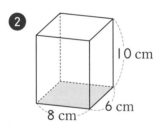

❸

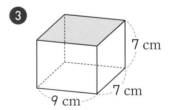

cm²

❹

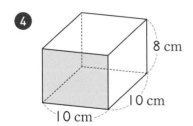

❺

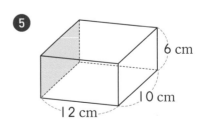

🐾 다음 문장을 읽고 문제를 풀어 보세요.

1 직육면체에서 서로 평행한 면은 모두 몇 쌍일까요?

_____

2 면 ㄱㄴㄷㄹ과 면 ㄷㅅㅇㄹ이 만나서 이루는 각은 몇 도일까요?

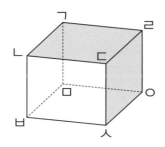

수직으로 떨어져!

_____

3 정육면체의 한 면의 둘레가 24 cm일 때, 정육면체의 두 밑면의 넓이의 합은 몇 cm²일까요?

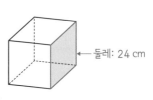

←둘레: 24 cm

_____

4 정육면체의 한 밑면의 둘레가 20 cm일 때, 밑면에 수직인 면의 넓이의 합은 몇 cm²일까요?

└둘레: 20 cm

_____

03 보이지 않는 부분도 그리는 '겨냥도'

☆ 직육면체의 겨냥도

직육면체의 보이지 않는 부분까지 잘 알 수 있도록 보이는 모서리는 실선 으로,
보이지 않는 모서리는 점선 으로 나타낸 그림을 직육면체의 겨냥도 라고 합니다.

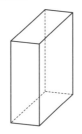 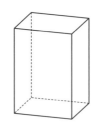

겨냥도는 보이지 않는
면, 모서리, 꼭짓점까지
모두 알 수 있어요~!

☆ 겨냥도의 특징

	보이는 부분	보이지 않는 부분	전체
면의 수(개)	3	3	6
모서리의 수(개)	9	3	12
꼭짓점의 수(개)	7	1	8

우리 사이에
비밀이 있을 수 있어?!

난 있어!
사실 나는 직육면체가
아니야.

보이지 않는 부분까지 나타내는 겨냥도를 확인해야
정확한 모양을 확인할 수 있어요.

직육면체의 겨냥도에서 보이지 않는 모서리는 점선으로 나타내요.

🐾 직육면체의 겨냥도에서 보이지 않는 모서리의 길이의 합을 구하세요.

❶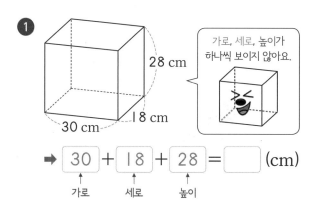

가로, 세로, 높이가
하나씩 보이지 않아요.

➡ | 30 | + | 18 | + | 28 | = | | (cm)
   ↑   ↑   ↑
  가로   세로   높이

❷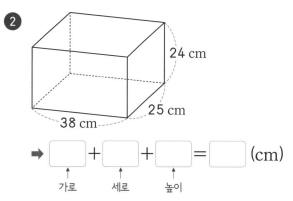

➡ | | + | | + | | = | | (cm)
   ↑   ↑   ↑
  가로   세로   높이

❸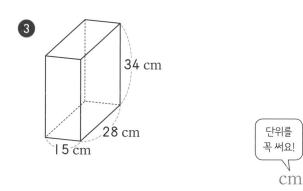

단위를
꼭 써요!

cm

❹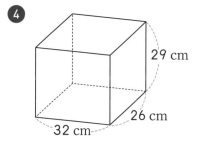

❺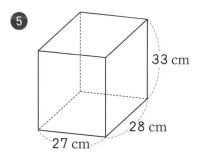

❻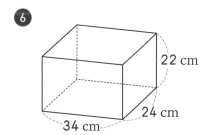

🐾 직육면체의 겨냥도에서 보이는 모서리의 길이의 합을 구하세요.

1

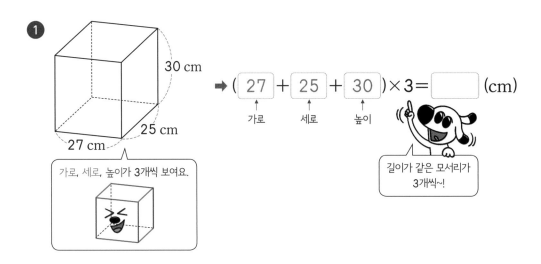

➡ (27 + 25 + 30) × 3 = ☐ (cm)

가로   세로   높이

가로, 세로, 높이가 3개씩 보여요.

길이가 같은 모서리가
3개씩~!

2

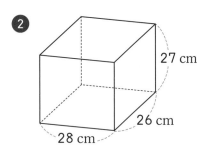

3

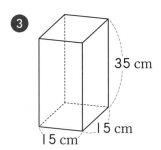

4

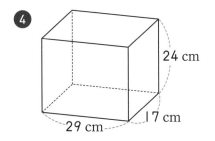

5

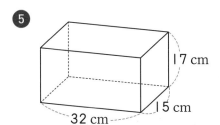

정육면체는 12개의 모서리의 길이가 모두 같고,
그중에서 3개의 모서리는 보이지 않아요.

🐾 정육면체에서 보이지 않는 모서리의 길이의 합을 보고, 정육면체의 모든 모서리의
   길이의 합을 구하세요.

① 30 cm

> 보이지 않는 모서리는 3개,
> 보이는 모서리는 9개로
> 모서리는 모두 12개예요.

한 모서리의 길이

➡ $\boxed{30} \div 3 \times 12 = \boxed{}$ (cm)

└─ 모서리의 수

② 24 cm

> 보이지 않는 모서리의 길이의
> 합은 (한 모서리의 길이)×3이고,
> 모든 모서리의 길이의 합은
> (한 모서리의 길이)×3×4예요.

보이지 않는 모서리의 길이의 합

➡ $\boxed{} \times 4 = \boxed{}$ (cm)

└─ 4배

③ 27 cm

④ 33 cm

⑤ 36 cm

⑥ 42 cm

사용한 끈의 길이는 보이는 끈의 길이의 2배예요.

🐾 직육면체 모양의 상자에 끈을 한 바퀴 둘렀습니다. 상자를 두르는 데 사용한 끈의
길이를 구하세요.

❶
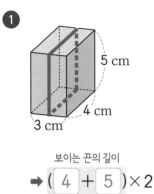

5 cm
4 cm
3 cm

보이는 끈의 길이
➡ (4 + 5) × 2 = ☐ (cm)

보이는 끈의 길이는
세로와 높이의 합이에요!

❷
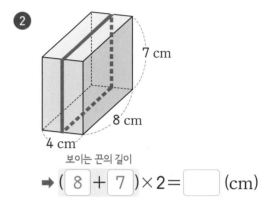

7 cm
8 cm
4 cm

보이는 끈의 길이
➡ (8 + 7) × 2 = ☐ (cm)

❸
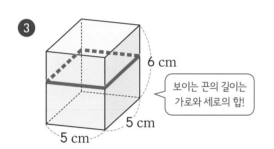

6 cm
5 cm
5 cm

보이는 끈의 길이는
가로와 세로의 합!

❹
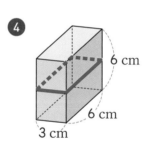

6 cm
6 cm
3 cm

───────────────   ───────────────

보이는 끈의 길이를 확인해
2배 하면 전체 끈 길이가 돼요.

보이는 끈의 길이는
가로와 높이의 합!

❺
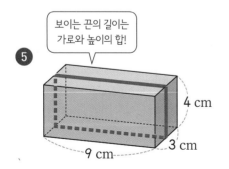

4 cm
9 cm
3 cm

❻
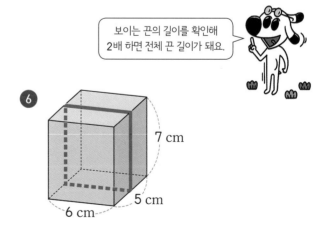

7 cm
5 cm
6 cm

───────────────   ───────────────

🐾 직육면체 모양의 상자를 두르는 데 사용한 끈의 길이를 구하는 문제를 풀어 보세요. [❶~❸]

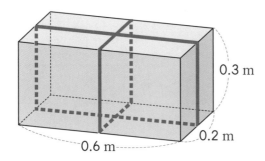

0.3 m
0.2 m
0.6 m

❶ 상자의 가로 방향으로 한 바퀴 두르는 데 사용한 끈의 길이는 몇 m일까요?

_____ m

단위를 꼭 써요~.

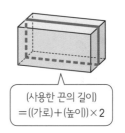

(사용한 끈의 길이)
=((가로)+(높이))×2

❷ 상자의 세로 방향으로 한 바퀴 두르는 데 사용한 끈의 길이는 몇 m일까요?

_____

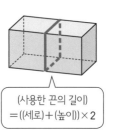

(사용한 끈의 길이)
=((세로)+(높이))×2

❸ 상자를 두르는 데 사용한 끈의 길이는 모두 몇 m일까요?

_____

04 정육면체를 잘라서 펼친 '정육면체의 전개도'

☆ 정육면체의 전개도

정육면체의 모서리를 잘라서 펼친 그림을 정육면체의 [전개도]라고 합니다.

전개도에서 잘린 모서리는 [실선], 잘리지 않은 모서리는 [점선]으로 표시합니다.

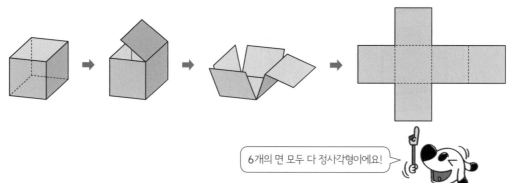

6개의 면 모두 다 정사각형이에요!

바빠 꿀팁!

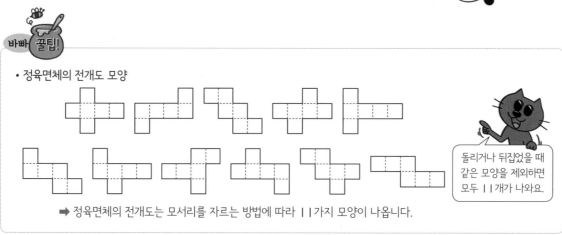

• 정육면체의 전개도 모양

돌리거나 뒤집었을 때 같은 모양을 제외하면 모두 11개가 나와요.

➡ 정육면체의 전개도는 모서리를 자르는 방법에 따라 11가지 모양이 나옵니다.

☆ 전개도에서 서로 평행한 면과 수직인 면

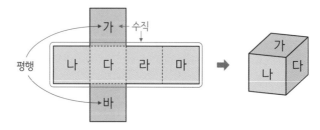

• 면 가와 평행한 면: 면 바
• 면 가와 수직인 면: 면 나, 면 다, 면 라, 면 마

정육면체의 모서리의 길이는 모두 같아요.
몇 개의 모서리로 둘러싸여 있는지 세어 보면 전개도의 둘레를 알 수 있어요.

🐾 정육면체의 전개도의 둘레를 구하세요.

❶

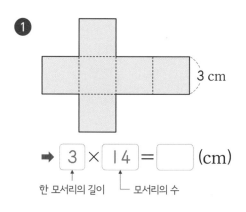

3 cm

➡ ☐3 × ☐14 = ☐ (cm)

한 모서리의 길이 ↑   ↑ 모서리의 수

둘러싸여 있는
모서리의 수를 세어 봐요.

❷

2 cm

단위를
꼭 써요!

cm

❸

2.5 cm

둘러싸여 있는 모서리는
모두 14개로 같아요!

❹

3.5 cm

❺

4 cm

 정육면체의 전개도에는 정사각형이 6개가 있어요.
전개도의 넓이는 한 면의 넓이의 6배가 돼요.

🐾 정육면체의 전개도의 넓이를 구하세요.

1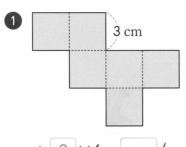
3 cm

➡ $\boxed{9} \times 6 = \boxed{}$ (cm²)
↑
면의 수

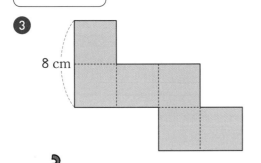
정사각형 한 개의
넓이를 구해요.
➡ $3 \times 3 = 9$ (cm²)

2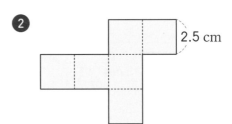
2.5 cm

➡ $\boxed{6.25} \times 6 = \boxed{}$ (cm²)

3
8 cm

cm²

먼저 한 변의
길이를 구해요.

4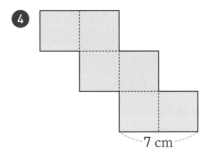
7 cm

5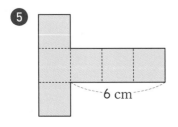
6 cm

6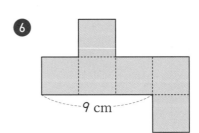
9 cm

정육면체에서 서로 평행한 면은 3쌍이 있어요.

서로 평행한 면을 먼저 찾으면 쉬워요.

🐾 서로 평행한 두 면에 적힌 수의 합이 7일 때, 빈칸에 알맞은 수를 써넣으세요.

1

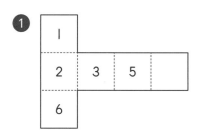

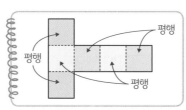

2

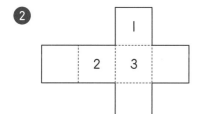

3

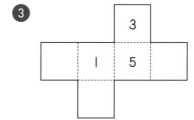

빈칸에 들어갈 수는
1부터 6까지의 자연수예요.

4

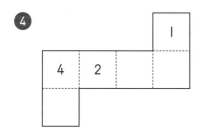

5

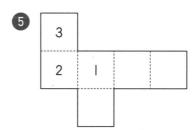

6

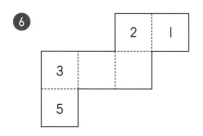

7

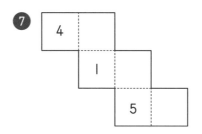

🐾 직육면체의 전개도를 보고 문제를 풀어 보세요. [❶~❹]

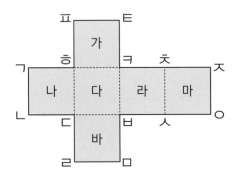

❶ 전개도를 접었을 때 면 나와 평행한 면을 찾아 쓰세요.

_____

❷ 전개도를 접었을 때 면 나와 수직인 면을 모두 찾아 쓰세요.

_____

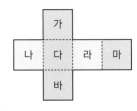

❸ 전개도를 접었을 때 점 ㅁ과 만나는 점을 찾아 쓰세요.

_____

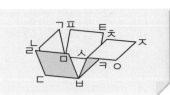

❹ 전개도를 접었을 때 선분 ㄴㄷ과 만나는 선분을 찾아 쓰세요.

_____

05 직육면체를 잘라서 펼친 '직육면체의 전개도'

☆ 직육면체의 전개도

직육면체의 모서리를 잘라서 펼친 그림을 직육면체의 전개도 라고 합니다.

☆ 전개도의 특징

• 모양과 크기가 같은 면이 모두 3쌍 있습니다.

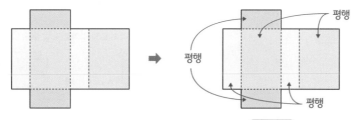

➡ 모양과 크기가 같은 면은 서로 평행 합니다.

• 접었을 때 겹치는 면이 없습니다.

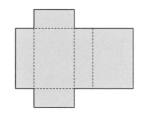

총 6개의 직사각형으로 이루어진 전개도를 접으면
6개의 직사각형으로 둘러싸인 직육면체가 돼요.

• 접었을 때 서로 만나는 모서리의 길이가 같습니다.

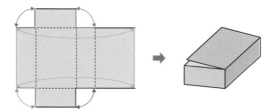

같은 색 화살표는 서로 만나는 점,
같은 색 선분은 서로 겹치는 선분이에요.

전개도를 둘러싼 선분의 길이의 합을 구하면 돼요.
전개도에서 길이가 같은 선분이 몇 개씩 있는지 확인해 봐요.

🐾 직육면체의 전개도의 둘레를 구하는 식을 쓰고 답을 구하세요.

1
3 cm, 7 cm, 9 cm

➡ $3 \times \boxed{8} + 7 \times \boxed{4} + 9 \times \boxed{2} = \boxed{}$ (cm)

길이가 같은 선분끼리 묶어 생각해요.
길이가 3 cm인 선분이 8개,
길이가 7 cm인 선분이~.

2

2 cm, 14 cm, 9 cm

➡ $2 \times \boxed{} + 9 \times \boxed{} + 14 \times \boxed{} = \boxed{}$ (cm)

💡 큰 사각형의 가로와 세로의 길이로 구할 수도 있어요.

3
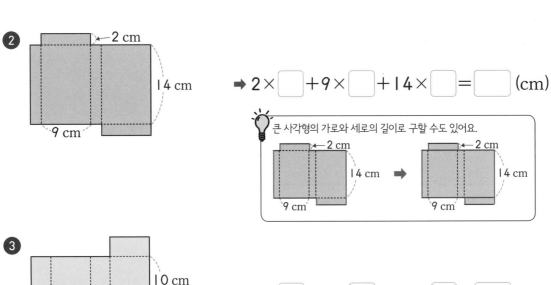
10 cm, 8 cm, 4 cm

➡ $4 \times \boxed{} + 8 \times \boxed{} + 10 \times \boxed{} = \boxed{}$ (cm)

4

7 cm, 12 cm, 4 cm

➡ $4 \times \boxed{} + 7 \times \boxed{} + 12 \times \boxed{} = \boxed{}$ (cm)

🐾 직육면체의 전개도의 넓이를 구하세요.

1

3 cm ②
6 cm ① ③ ①
9 cm ② ③

①의 넓이   ②의 넓이   ③의 넓이

➡ (3×6 + 9×3 + 9×6) × 2 = ☐ (cm²)

모양과 크기가 같은
①, ②, ③번 사각형이~.

각각 2개씩 있어요!

2

8 cm
←2 cm
7 cm

➡ (7×2 + 7×8 + 2×8) × 2 = ☐ (cm²)

💡 큰 사각형으로 나누어 넓이를 구할 수도 있어요.

➡ + (▨ ×2)

└ 작은 사각형의 넓이

큰 사각형의 넓이

3

10 cm
3 cm
5 cm

➡ _____ cm²

4

4 cm
10 cm
8 cm

➡ _____

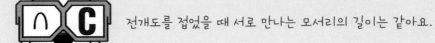

전개도를 접었을 때 서로 만나는 모서리의 길이는 같아요.

🐾 직육면체의 전개도입니다. ☐ 안에 알맞은 수를 써넣으세요.

1
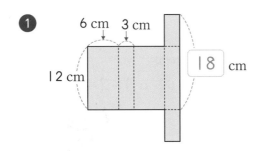

6 cm　3 cm
12 cm
18 cm

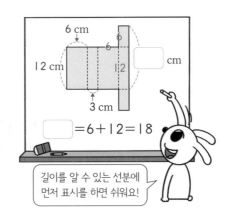

6 cm　6
12 cm　12
3 cm
☐ cm

☐=6+12=18

길이를 알 수 있는 선분에 먼저 표시를 하면 쉬워요!

2
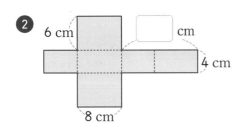

6 cm
☐ cm
4 cm
8 cm

3
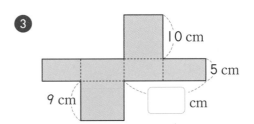

10 cm
5 cm
9 cm
☐ cm

4
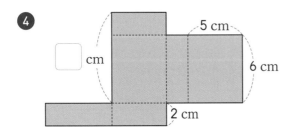

☐ cm
5 cm
6 cm
2 cm

5
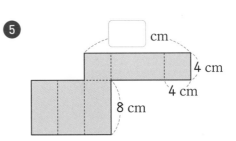

☐ cm
4 cm
4 cm
8 cm

🐾 정사각형 모양의 종이에 직육면체의 전개도를 그렸습니다. 전개도를 접어서 직육면체를 만들었을 때 문제를 풀어 보세요. [❶~❸]

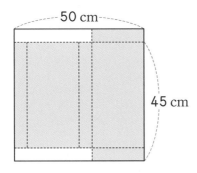

❶ 직육면체에서 가장 짧은 모서리의 길이는 몇 cm일까요?

cm

단위를 꼭 써요~.

정사각형은 가로와 세로의 길이가 같아요.

❷ 직육면체에서 가장 긴 모서리의 길이는 몇 cm일까요?

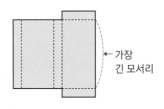

← 가장 긴 모서리

❸ 직육면체에서 남은 한 모서리의 길이는 몇 cm일까요?

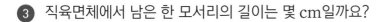

길이를 알 수 있는 선분에 표시해 봐요.

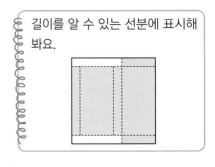

알고 보니 모두 같은 선분, 변, 모서리!

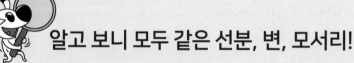

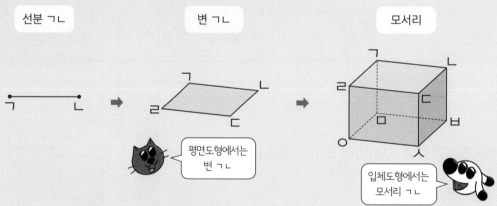

평면도형에서는
변 ㄱㄴ

입체도형에서는
모서리 ㄱㄴ

'선분', '변', '모서리'는 모두 같은 것을 말하는 것 같은데

어디서는 선분이라고 하고, 어디서는 변 또는 모서리라고 해요.

그 차이점을 알고 있나요?

점 ㄱ과 점 ㄴ을 이은 곧은 선을 선분 ㄱㄴ이라고 하는 것처럼 선분은 점과 점을 이은 선을 말해요.

그렇다면 '변'과 '모서리'는 무엇일까요?

변은 평면도형에서의 꼭짓점과 꼭짓점을 이은 선분을 말하고,

모서리는 입체도형에서 면과 면이 만나는 선분을 말해요.

정리해 보면, 두 점을 이은 직선을 '선분'이라고 하고,

이를 평면에서는 '변', 입체에서는 '모서리'라고 불러요.

둘째 마당

직육면체의 부피와 겉넓이

둘째 마당에서는 직육면체의 부피와 겉넓이를 배워요. 한 변의 길이가 1 cm인 쌓기나무를 사용해 부피와 겉넓이에 대해 이해한 다음 직육면체의 부피와 겉넓이를 구해 봐요. 탄탄하게 훈련하고 나면 다양한 입체도형의 부피를 구하는 것도 어렵지 않을 거예요!

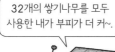

32개의 쌓기나무를 모두 사용한 내가 부피가 더 커~.

쌓기나무 32개

난 30개의 쌓기나무를 사용했으니까 부피가 더 작아.

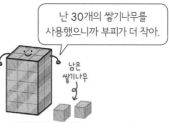

남은 쌓기나무

공부할 내용!

		완료	10일 진도	20일 진도
06	쌓기나무의 수로 알아보는 부피	☐	3일차	6일차
07	공간에서 차지하는 크기를 부피라고 해	☐		7일차
08	다양한 입체도형의 부피도 구할 수 있어	☐	4일차	8일차
09	쌓기나무의 겉면 알아보기	☐	5일차	9일차
10	겉면의 넓이를 겉넓이라고 해	☐		10일차

06 쌓기나무의 수로 알아보는 부피

☆ 쌓기나무의 부피

└→ 어떤 물건이 공간에서 차지하는 크기

같은 수의 쌓기나무를 사용하여 만든 모양의 부피는 서로 같습니다 .

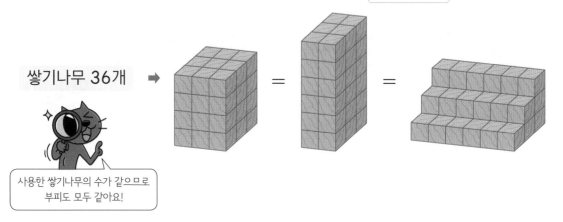

쌓기나무 36개

사용한 쌓기나무의 수가 같으므로 부피도 모두 같아요!

☆ 부피 비교하기

직육면체 모양의 상자에 들어가는 쌓기나무의 수를 세어 부피를 비교할 수 있습니다.

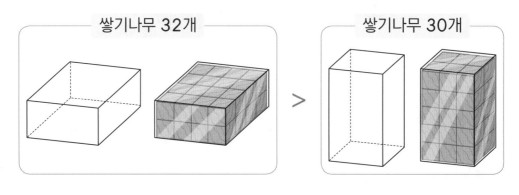

쌓기나무 32개   쌓기나무 30개

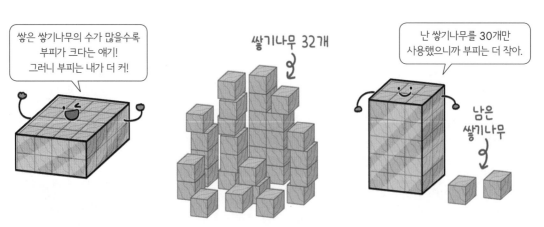

쌓은 쌓기나무의 수가 많을수록 부피가 크다는 얘기! 그러니 부피는 내가 더 커!

쌓기나무 32개

난 쌓기나무를 30개만 사용했으니까 부피는 더 작아.

남은 쌓기나무

쌓기나무를 직육면체의 모양이 되게 쌓았을 때,
쌓은 쌓기나무의 수는 한 층에 쌓은 쌓기나무의 수와 전체 층수의 곱으로 구해요.

🐾 쌓은 쌓기나무의 수를 구하는 식을 쓰고 답을 구하세요.

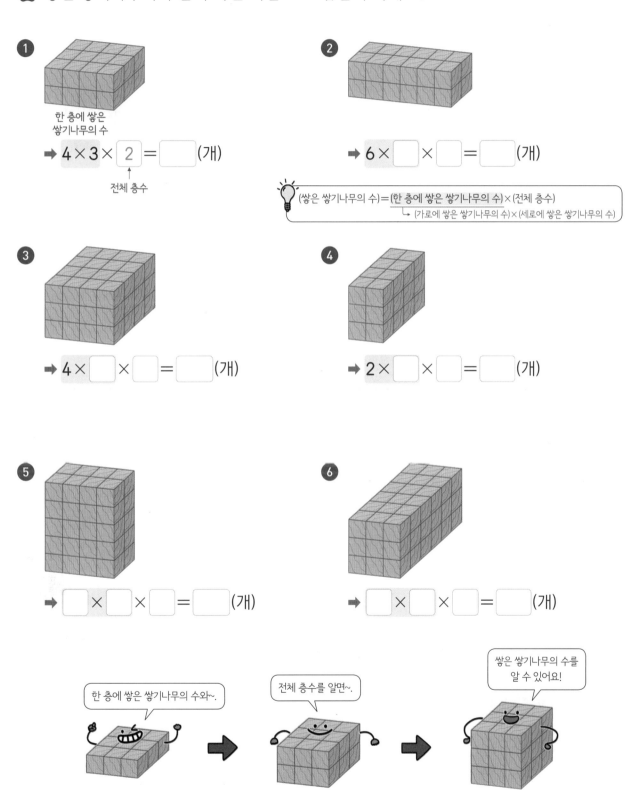

1

한 층에 쌓은
쌓기나무의 수

➡ $4 \times 3 \times \boxed{2} = \boxed{}$ (개)

↑
전체 층수

2

➡ $6 \times \boxed{} \times \boxed{} = \boxed{}$ (개)

💡 (쌓은 쌓기나무의 수)=(한 층에 쌓은 쌓기나무의 수)×(전체 층수)
↳ (가로에 쌓은 쌓기나무의 수)×(세로에 쌓은 쌓기나무의 수)

3

➡ $4 \times \boxed{} \times \boxed{} = \boxed{}$ (개)

4

➡ $2 \times \boxed{} \times \boxed{} = \boxed{}$ (개)

5

➡ $\boxed{} \times \boxed{} \times \boxed{} = \boxed{}$ (개)

6

➡ $\boxed{} \times \boxed{} \times \boxed{} = \boxed{}$ (개)

한 층에 쌓은 쌓기나무의 수와~.

전체 층수를 알면~.

쌓은 쌓기나무의 수를
알 수 있어요!

🐾 사용한 쌓기나무의 수와 한 층에 쌓은 쌓기나무를 보고 전체 층수를 구하는 식을 쓰고 답을 구하세요.

❶ 48개

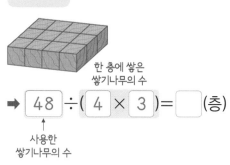

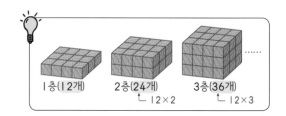

1층(12개) 2층(24개) 3층(36개)
                └12×2   └12×3

한 층에 쌓은
쌓기나무의 수

➡ 48 ÷ (4 × 3)= ☐ (층)

사용한
쌓기나무의 수

❷ 45개

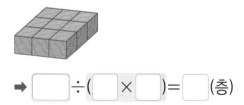

➡ ☐ ÷ (☐ × ☐)= ☐ (층)

❸ 40개

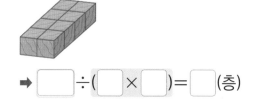

➡ ☐ ÷ (☐ × ☐)= ☐ (층)

한 층에 쌓은 쌓기나무의 수를
먼저 구해 봐요.

❹ 48개

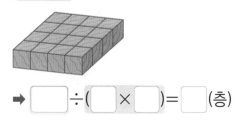

➡ ☐ ÷ (☐ × ☐)= ☐ (층)

❺ 45개

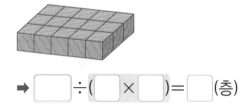

➡ ☐ ÷ (☐ × ☐)= ☐ (층)

 (쌓기나무의 수)=(가로)×(세로)×(높이)

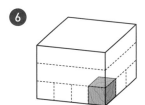

직육면체 모양의 상자에 담을 수 있는 쌓기나무는 몇 개인지 구하세요.

❶
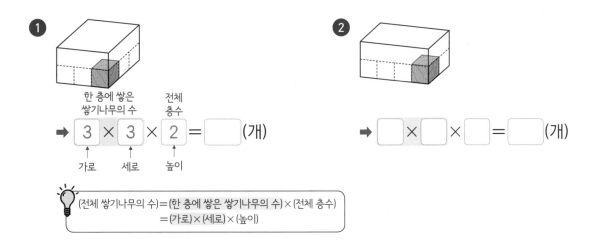

한 층에 쌓은
쌓기나무의 수

전체
층수

➡ $\boxed{3} \times \boxed{3} \times \boxed{2} = \boxed{}$ (개)

가로   세로   높이

❷

➡ $\boxed{} \times \boxed{} \times \boxed{} = \boxed{}$ (개)

💡 (전체 쌓기나무의 수)=(한 층에 쌓은 쌓기나무의 수)×(전체 층수)
                    =(가로)×(세로)×(높이)

❸
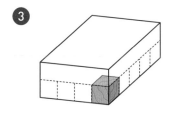

❹
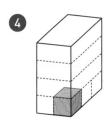

❺
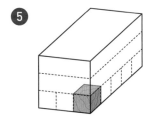

❻
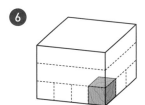

 사용한 쌓기나무의 수가 많으면 부피가 더 커요.

🐾 쌓기나무의 수와 부피를 비교하여 ◯ 안에 >, =, <를 알맞게 써넣으세요.

1

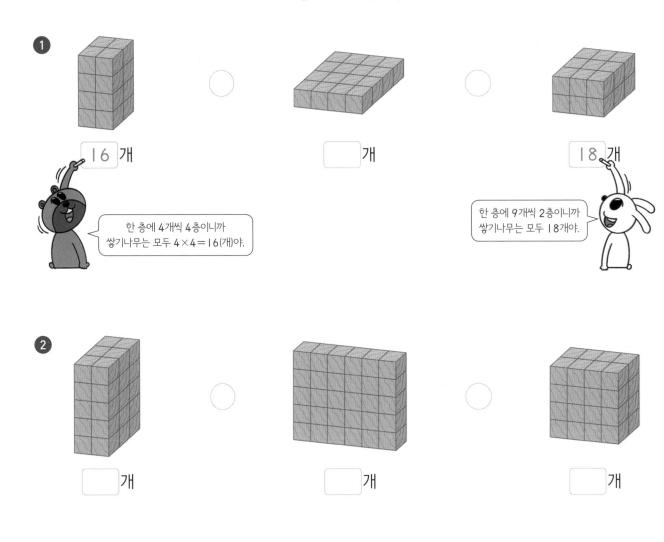

16 개 ◯ ☐ 개 ◯ 18 개

한 층에 4개씩 4층이니까 쌓기나무는 모두 4×4＝16(개)야.

한 층에 9개씩 2층이니까 쌓기나무는 모두 18개야.

2

☐ 개 ◯ ☐ 개 ◯ ☐ 개

3

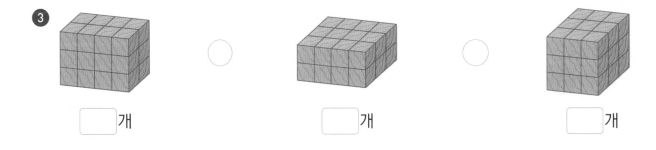

☐ 개 ◯ ☐ 개 ◯ ☐ 개

도전! 땅 짚고 헤엄치는 **활용 문제**

활용 문제도 단계별로 풀면 쉽게 해결할 수 있어요!

🐾 쌓기나무를 쌓아 만든 정육면체와 부피가 똑같은 직육면체 모양의 상자가 있습니다. 문제를 풀어 보세요.

[**1** ~ **3**]

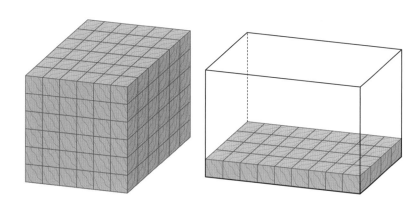

1 정육면체를 만드는 데 사용한 쌓기나무는 모두 몇 개일까요?

_____

2 직육면체 모양의 상자의 Ⅰ층에 쌓은 쌓기나무는 몇 개일까요?

_____

3 직육면체 모양의 상자에 쌓기나무를 가득 채우면 몇 층으로 쌓은 모양이 될까요?

> 부피가 같으면
> 사용한 쌓기나무의 수가 같아요!

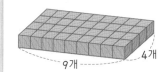

9개   4개

(사용한 쌓기나무의 수)
÷(Ⅰ층에 쌓은 쌓기나무의 수)
=(층수)

직육면체의 부피와 겉넓이   47

공간에서 차지하는 크기를 부피라고 해

☆ 부피의 단위

- 1 cm^3 : 한 모서리의 길이가 1 cm인 정육면체의 부피

  쓰기 1cm^3 읽기 1 세제곱센티미터

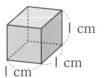

- 1 m^3 : 한 모서리의 길이가 1 m인 정육면체의 부피

  쓰기 1m^3 읽기 1 세제곱미터

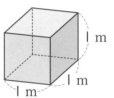

바빠 꿀팁!

- 부피가 1 cm³인 쌓기나무로 부피가 1 m³인 정육면체 만들기

  부피가 1 cm³인 쌓기나무로
  부피가 1 m³인 정육면체를 만들려면   ┌→ 100×100×100(개)
  한 모서리에 쌓기나무를 100개씩, 모두 1000000개 쌓아야 합니다.

  ➡ 1 m³＝1000000 cm³

☆ 직육면체의 부피

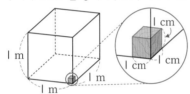

가로가 2 cm, 세로가 4 cm, 높이가 3 cm인 직육면체는
1 cm³인 쌓기나무 24개를 쌓은 부피와 같습니다.

(직육면체의 부피)＝(가로)×(세로)×(높이)
                        ＝(밑면의 넓이)×(높이)

☆ 정육면체의 부피

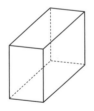

한 모서리의 길이가 2 cm인 정육면체는 1 cm³인
쌓기나무 8개를 쌓은 부피와 같습니다.

(정육면체의 부피)
＝(한 모서리의 길이)×(한 모서리의 길이)×(한 모서리의 길이)

🐾 직육면체의 부피를 두 가지 단위로 구하세요.

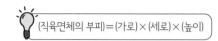

(직육면체의 부피)=(가로)×(세로)×(높이)

①

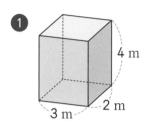

가로	⊗	세로	⊗	높이	⊜	부피	
3 m		m		m	➡	24	m³
300 cm		cm		cm	➡		cm³

m를 cm로 바꿔 나타낼 땐, 0을 2개 붙이면 돼.

그럼 m³를 cm³로 바꿔 나타낼 땐, 0을 6개 붙이면 되겠다!

②

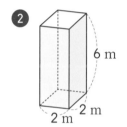

가로	⊗	세로	⊗	높이	⊜	부피	
m		m		m	➡	24	m³
cm		cm		cm	➡		cm³

③

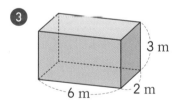

가로	⊗	세로	⊗	높이	⊜	부피	
m		m		m	➡		m³
cm		cm		cm	➡		cm³

0을 2개 줄게.

00

고마워.

0을 6개 줄게.

000000

고마워!

부피가 몇 m³인지 물었으므로 m³ 단위로 답을 나타내요.
주어진 직육면체를 m 단위로 나타낸 다음 부피를 구해 봐요.

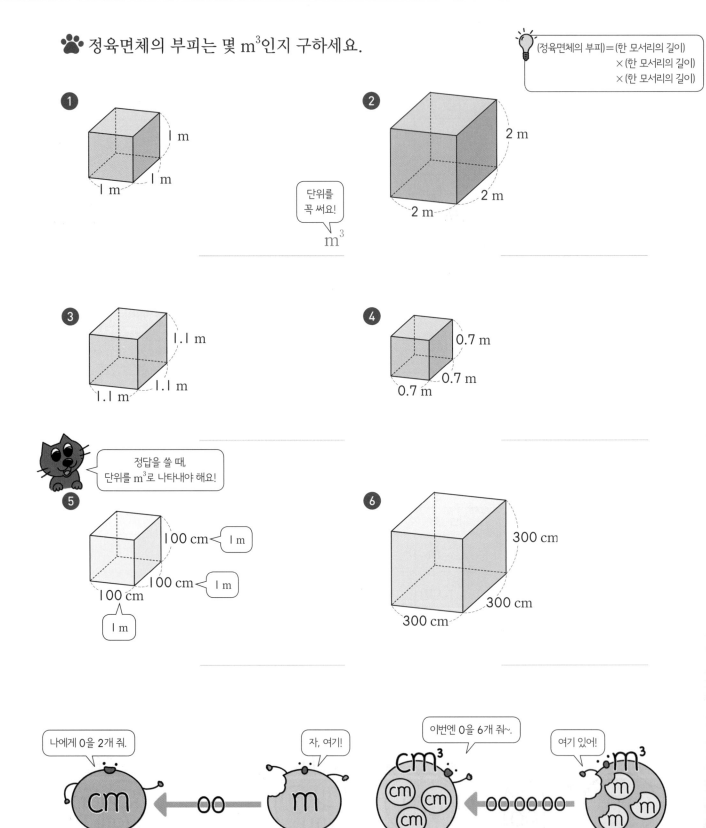

🐾 정육면체의 부피는 몇 m³인지 구하세요.

(정육면체의 부피)=(한 모서리의 길이)
×(한 모서리의 길이)
×(한 모서리의 길이)

① 1 m, 1 m, 1 m

단위를
꼭 써요!

m³

② 2 m, 2 m, 2 m

③ 1.1 m, 1.1 m, 1.1 m

④ 0.7 m, 0.7 m, 0.7 m

정답을 쓸 때,
단위를 m³로 나타내야 해요!

⑤ 100 cm ← 1 m, 100 cm ← 1 m, 100 cm ← 1 m

⑥ 300 cm, 300 cm, 300 cm

나에게 0을 2개 줘.   자, 여기!   이번엔 0을 6개 줘~.   여기 있어!

cm ← 00 ← m   cm³ (cm cm cm) ← 000000 ← m³ (m m m)

🐾 직육면체의 부피는 몇 m³인지 구하세요.

1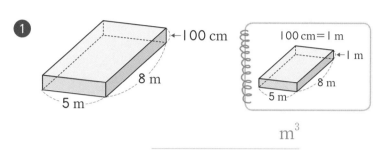

← 100 cm

8 m

5 m

100 cm = 1 m

1 m

8 m

5 m

_____ m³

💡 (직육면체의 부피)=(가로)×(세로)×(높이)

2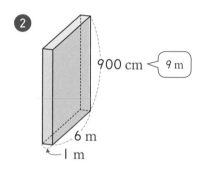

900 cm — 9 m

6 m

← 1 m

_____

3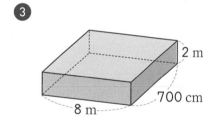

2 m

700 cm

8 m

_____

4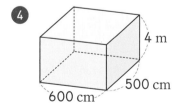

4 m

500 cm

600 cm

_____

5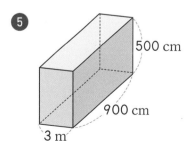

500 cm

900 cm

3 m

_____

🐾 직육면체의 부피를 보고 ☐ 안에 알맞은 수를 써넣으세요.

1 120 cm³

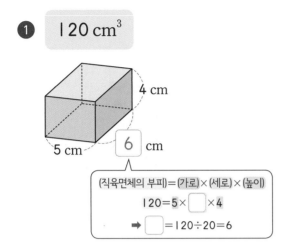

4 cm
5 cm 6 cm

(직육면체의 부피)=(가로)×(세로)×(높이)
120=5×☐×4
➡ ☐=120÷20=6

2 108 cm³

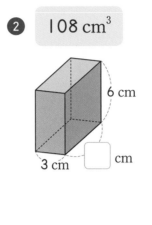

6 cm
3 cm ☐ cm

3 360 cm³

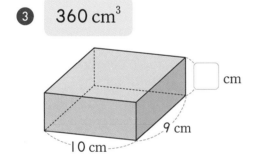

☐ cm
9 cm
10 cm

4 280 m³

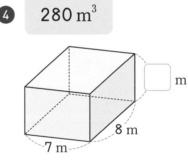

☐ m
8 m
7 m

직육면체의 높이를 구하는 방법도,
가로를 구하는 방법도 똑같아요!

5 880 m³

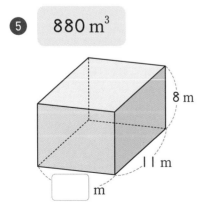

8 m
11 m
☐ m

6 343 m³

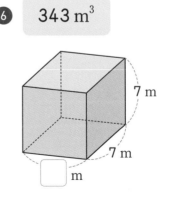

7 m
7 m
☐ m

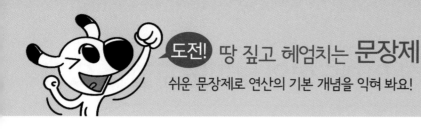

도전! 땅 짚고 헤엄치는 **문장제**

쉬운 문장제로 연산의 기본 개념을 익혀 봐요!

🐾 다음 문장을 읽고 문제를 풀어 보세요.

① 가로가 15 cm, 세로가 8 cm, 높이가 7 cm인 직육면체의 부 피는 몇 cm³일까요?

💡 (직육면체의 부피)=(가로)×(세로)×(높이)

② 가로가 2 m, 세로가 1.5 m인 옷장의 부피가 9 m³일 때, 옷장 의 높이는 몇 m일까요?

(직육면체의 부피)
=(가로)×(세로)×(높이)

③ 모든 모서리의 길이의 합이 96 cm인 정육면체의 부피는 몇 cm³일까요?

정육면체는 길이가 같은 모서리가 모두 12개예요.

④ 한 모서리의 길이가 2 m인 정육면체의 부피는 한 모서리의 길 이가 1 m인 정육면체의 부피의 몇 배일까요?

한 모서리의 길이가 2배가 되면 부피는 몇 배가 될까?

08 다양한 입체도형의 부피도 구할 수 있어

☆ 두 개의 직육면체로 나누어 입체도형의 부피 구하기

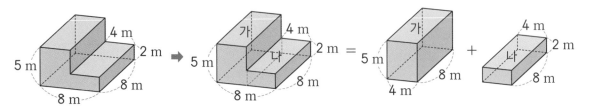

➡ (입체도형의 부피)=(가 의 부피)+(나 의 부피)
   =$(4 \times 8 \times 5) + (4 \times 8 \times 2)$
   =$160 + 64 = 224 \ (m^3)$

부피를 구하기 쉽게 두 개의 직육면체로 나누어 생각해요.

☆ 빠진 부분을 포함한 전체에서 빠진 부분을 빼서 입체도형의 부피 구하기

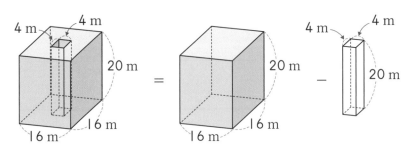

➡ (입체도형의 부피)=(전체 의 부피)−(빠진 부분의 부피)
   =$(16 \times 16 \times 20) - (4 \times 4 \times 20)$
   =$5120 - 320 = 4800 \ (m^3)$

복잡하게 생긴 입체도형의 부피도 직육면체로 생각하면 어렵지 않아요.

바빠 꿀팁!

• 빠진 부분이 가운데가 아니어도 구할 수 있어요.

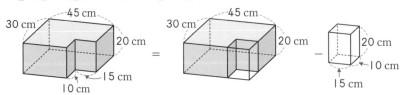

➡ (입체도형의 부피)=(빠진 부분을 포함한 큰 직육면체의 부피)−(빠진 직육면체의 부피)

부피를 구하기 쉬운 두 개의 직육면체로 나누어 생각해요.
직육면체를 나누는 방법은 한 가지가 아니에요.
각자 쉬운 방법으로 직육면체를 나누어 부피를 구해 보세요.

🐾 입체도형의 부피를 구하세요.

(직육면체의 부피)＝(가로)×(세로)×(높이)

1

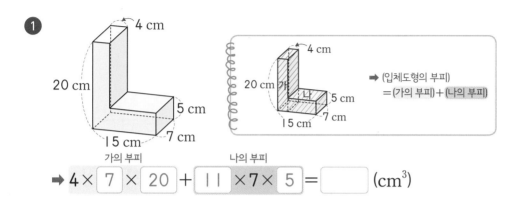

가의 부피   나의 부피

➡ $4 \times \boxed{7} \times \boxed{20} + \boxed{11} \times 7 \times \boxed{5} = \boxed{}$ (cm³)

2

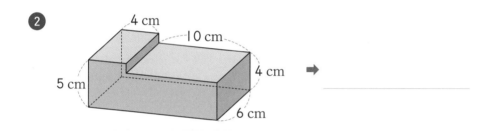

➡ _____

부피를 구하기 쉬운
두 개의 직육면체로 나누어 봐요.

3

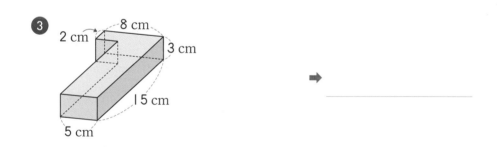

➡ _____

4

➡ _____

 빠진 부분을 포함한 전체(큰) 직육면체의 부피에서 빠진 부분의 부피를 빼서 구해요.

🐾 입체도형의 부피를 구하는 식을 쓰고 답을 구하세요.

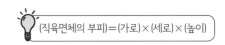
(직육면체의 부피)=(가로)×(세로)×(높이)

1
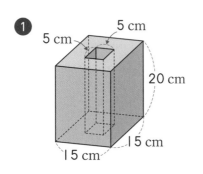

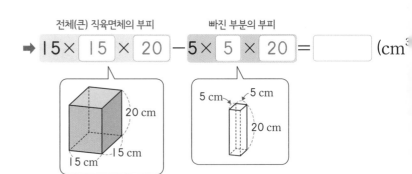

➡ $15 \times \boxed{15} \times \boxed{20} - 5 \times \boxed{5} \times \boxed{20} = \boxed{}$ (cm³)

2
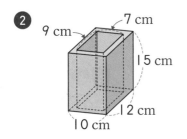

➡ $\boxed{} - \boxed{} = \boxed{}$ (cm³)

3
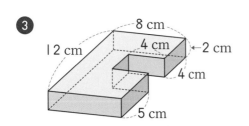

전체(큰) 직육면체의 부피   빠진 부분의 부피

➡ $8 \times \boxed{12} \times \boxed{2} - 4 \times \boxed{3} \times \boxed{2} = \boxed{}$ (cm³)

4
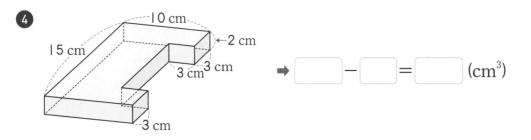

➡ $\boxed{} - \boxed{} = \boxed{}$ (cm³)

🐾 왼쪽과 같은 수조에서 돌을 꺼냈더니 오른쪽과 같이 되었습니다. 문제를 풀어 보세요. [❶~❹]

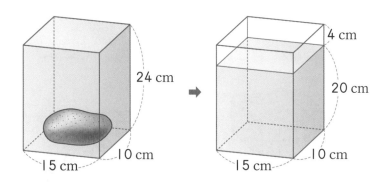

수조의 두께는 생각하지 않아요!

❶ 수조 전체의 부피는 몇 cm³일까요?

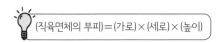
(직육면체의 부피)=(가로)×(세로)×(높이)

❷ 수조에 들어 있는 물의 부피는 몇 cm³일까요?

돌을 뺐더니 물의 높이가 4 cm 줄었어요.

❸ 돌을 뺀 후 줄어든 부피는 몇 cm³일까요?

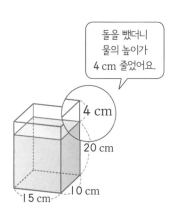

❹ 돌의 부피는 몇 cm³일까요?

돌의 부피는 줄어든 물의 부피와 같아요.

09 쌓기나무의 겉면 알아보기

✪ 쌓기나무 관찰하기

쌓기나무를 쌓아서 만든 직육면체를 위, 앞, 옆에서 보았을 때 보이는 모양은
모두 직사각형 입니다.

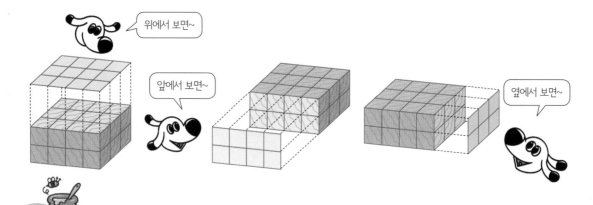

위에서 보면~

앞에서 보면~

옆에서 보면~

바빠 꿀팁!

• 아래, 뒤, 왼쪽 옆에서 본 모양도 알 수 있어요.
  직육면체는 마주 보는 면이 서로 평행하고 합동입니다.

(위에서 본 모양)
=
(아래에서 본 모양)

(앞에서 본 모양)
=
(뒤에서 본 모양)

(오른쪽 옆에서 본 모양)
=
(왼쪽 옆에서 본 모양)

✪ 쌓기나무의 겉면 색칠하기

직육면체의 겉면에 색칠한 다음 색칠한 면을 살펴보면 위, 앞, 옆에서 본 모양이
각각 2 개씩 있습니다.

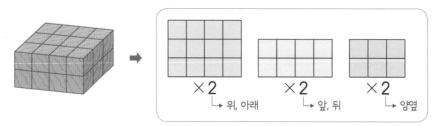

×2 → 위, 아래   ×2 → 앞, 뒤   ×2 → 양옆

여섯 면의 넓이를 모두 더하면
직육면체의 겉면의 넓이가 돼요.

직육면체를 위, 앞, 옆에서 본 모양은 모두 직사각형이에요.
각각의 방향에서 봤을 때 어떤 모양일지 생각해 봐요.

🐾 쌓기나무로 만든 직육면체를 위, 앞, 옆에서 본 모양을 그리고, 보이는 쌓기나무의 면의 수를 써 보세요.

1

위	앞	옆
개	개	개

2

위	앞	옆
개	개	개

각각의 방향에서 본 모양을 그려 봐요.

3

위	앞	옆
개	개	개

🐾 쌓기나무로 만든 직육면체를 위, 앞에서 본 모양을 보고 옆에서 본 모양을 그리고, 보이는 쌓기나무의 면의 수를 써 보세요.

❶

위	앞

옆
개

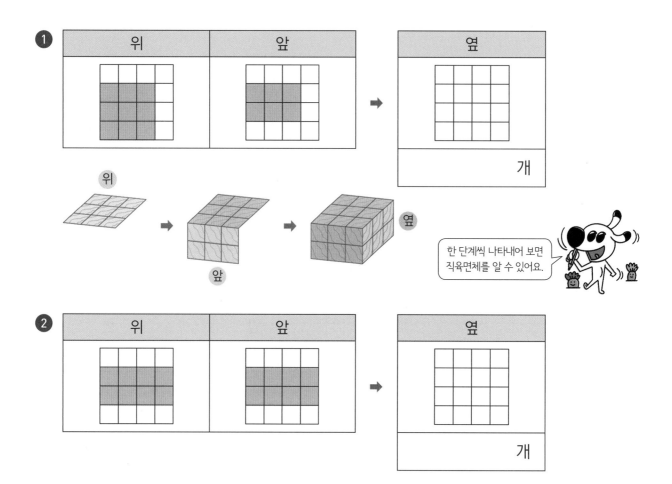

한 단계씩 나타내어 보면 직육면체를 알 수 있어요.

❷

위	앞

옆
개

❸

위	앞

옆
개

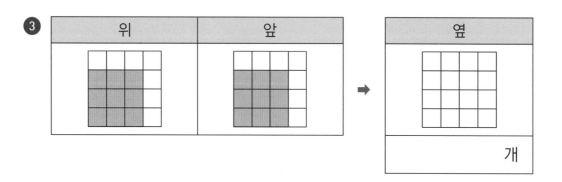

 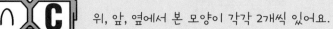 위, 앞, 옆에서 본 모양이 각각 2개씩 있어요.

🐾 쌓기나무로 만든 직육면체의 겉면을 모두 색칠했을 때, 색칠한 쌓기나무의 겉면의
수를 구하세요.

1

위(개)	⊕	앞(개)	⊕	옆(개)	×2=	전체(개)
					➡	

 (색칠한 쌓기나무의 겉면의 수)
=((위에서 본 쌓기나무의 수)
　+(앞에서 본 쌓기나무의 수)
　+(옆에서 본 쌓기나무의 수))×2

2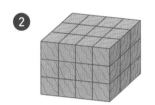

위(개)	⊕	앞(개)	⊕	옆(개)	×2=	전체(개)
					➡	

3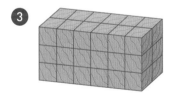

위(개)	⊕	앞(개)	⊕	옆(개)	×2=	전체(개)
					➡	

4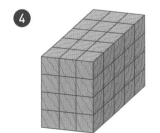

위(개)	⊕	앞(개)	⊕	옆(개)	×2=	전체(개)
					➡	

🐾 쌓기나무 48개로 만든 직육면체를 위에서 본 모양입니다. 문제를 풀어 보세요. [❶~❸]

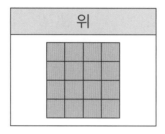

❶ 직육면체는 모두 몇 층으로 쌓았을까요?

위에서 본 모양은
1층에 쌓은 모양과 같아요!

❷ 앞과 옆에서 본 모양을 그리고 보이는 쌓기나무의 수를 써 보세요.

앞	옆
개	개

직육면체는
앞에서 본 모양도,
옆에서 본 모양도
모두 직사각형이에요.

❸ 직육면체의 겉면을 모두 색칠하면 색칠한 쌓기나무의 겉면은 모두 몇 개일까요?

위, 앞, 옆에서 본 모양에
각각 2번씩 색칠하게 돼요.

10 겉면의 넓이를 겉넓이라고 해

☆ 직육면체의 겉넓이 구하기
→ 물체 겉면의 넓이

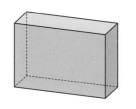 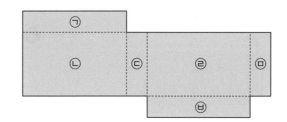

방법 1 여섯 면의 ㅣ넓이ㅣ의 합으로 구하기

➡ ㉠＋㉡＋㉢＋㉣＋㉤＋㉥

방법 2 서로 마주 보는 세 쌍의 면이 ㅣ합동ㅣ임을 이용하여 구하기

➡ (㉠＋㉡＋㉢)×2

• 세 면은 한 꼭짓점을 기준으로 만나요.

• 세 면의 넓이를 각각 2배 하여 구할 수도 있어요.
직육면체는 합동인 면이 3쌍이에요.
㉠＋㉡＋㉢＋㉣＋㉤＋㉥
➡ ㉠×2＋㉡×2＋㉢×2

방법 3 두 밑면의 넓이와 옆면의 ㅣ넓이ㅣ의 합으로 구하기

➡ (㉠＋㉥)＋(㉡＋㉢＋㉣＋㉤)

밑면에 따라
옆면이 달라져요.

☆ 정육면체의 겉넓이 구하기

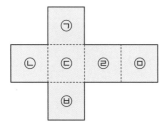

방법 1 여섯 면의 ㅣ넓이의 합ㅣ으로 구하기

➡ ㉠＋㉡＋㉢＋㉣＋㉤＋㉥

방법 2 한 면의 넓이를 ㅣ6ㅣ배 하여 구하기

➡ ㉠×6

정육면체 여섯 면의
넓이는 모두 같아요.

정육면체는 모든 면의 넓이가 같아요.

한 면의 넓이를 구한 다음 6배 하면 정육면체의 겉넓이가 돼요.

🐾 정육면체의 겨냥도를 보고 겉넓이를 구하세요.

1

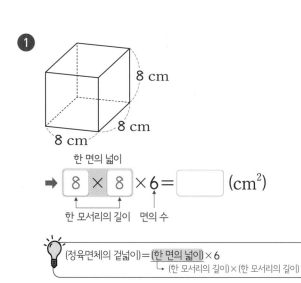

8 cm
8 cm
8 cm

한 면의 넓이

➡ $\boxed{8} \times \boxed{8} \times 6 = \boxed{}$ (cm²)

한 모서리의 길이   면의 수

💡 (정육면체의 겉넓이) = (한 면의 넓이) × 6
                          ↳ (한 모서리의 길이) × (한 모서리의 길이)

2

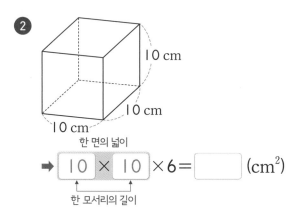

10 cm
10 cm
10 cm

한 면의 넓이

➡ $\boxed{10} \times \boxed{10} \times 6 = \boxed{}$ (cm²)

한 모서리의 길이

3

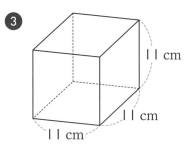

11 cm
11 cm
11 cm

cm²

단위를 꼭 써요~.

4

7 cm
7 cm
7 cm

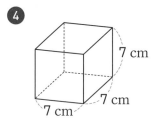

정육면체는 6개의 면으로
이루어져 있어요!

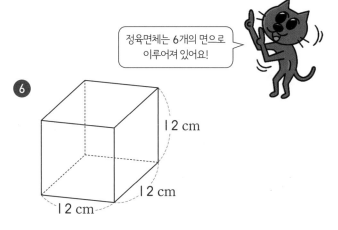

5

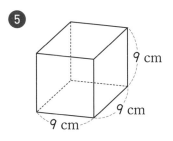

9 cm
9 cm
9 cm

6

12 cm
12 cm
12 cm

🐾 직육면체의 겨냥도를 보고 겉넓이를 구하세요.

❶

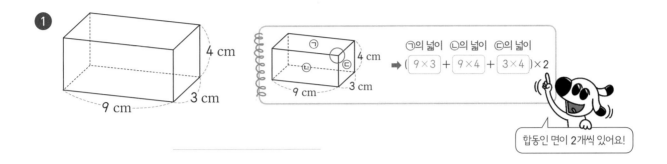

➡ (9×3 + 9×4 + 3×4)×2

합동인 면이 2개씩 있어요!

❷

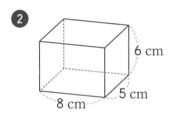

❸

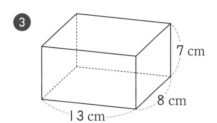

❹

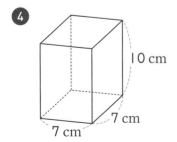

❺

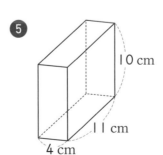

 두 밑면의 넓이와 옆면의 넓이의 합으로 직육면체의 겉넓이를 구해 봐요.

🐾 직육면체의 전개도를 보고 겉넓이를 구하세요.

❶

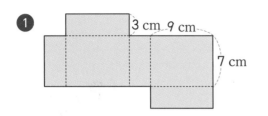

두 밑면(cm²) ⊕	옆면(cm²)	⊜	겉넓이(cm²)
		➡	

💡 옆면을 하나의 큰 직사각형으로 생각해 구하면 쉬워요.

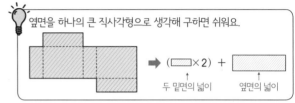

➡ (▱ ×2) + ▱
두 밑면의 넓이   옆면의 넓이

❷

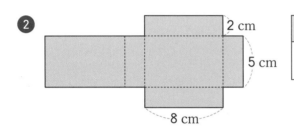

두 밑면(cm²) ⊕	옆면(cm²)	⊜	겉넓이(cm²)
		➡	

❸

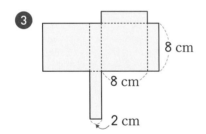

두 밑면(cm²) ⊕	옆면(cm²)	⊜	겉넓이(cm²)
		➡	

❹

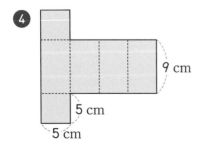

두 밑면(cm²) ⊕	옆면(cm²)	⊜	겉넓이(cm²)
		➡	

🐾 겉넓이가 286 cm²인 직육면체의 전개도를 보고 문제를 풀어 보세요. [①~③]

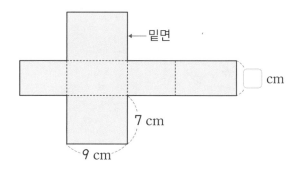

① 직육면체의 두 밑면의 넓이의 합은 몇 cm²일까요?

② 직육면체의 전개도에서 옆면 4개를 하나의 직사각형으로 볼 때 가로는 몇 cm일까요?

③ 직육면체의 높이는 몇 cm일까요?

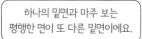

하나의 밑면과 마주 보는 평행한 면이 또 다른 밑면이에요.

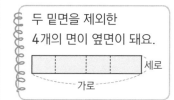

두 밑면을 제외한 4개의 면이 옆면이 돼요.

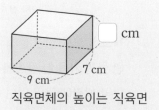

직육면체의 높이는 직육면체의 전개도에서 옆면의 세로와 같아요.

"유레카!" 목욕 중 발견한 왕관의 부피

수학자 아르키메데스는 물이 가득 찬 욕조에 몸을 담그자 자신이 담근 몸의 부피만큼의 물이 욕조 밖으로 넘쳐흐르는 것을 발견하고 "유레카!"를 외쳤어요.

왕관이 순금으로 만든 것인지 확인하기 위해 매일 고민하던 중 그 방법을 발견한 거예요.

왕관이 순금일 때

넘친 물의 양이 같아요.

왕관이 순금이 아닐 때

넘친 물의 양이 달라요.

욕조 밖으로 넘친 물의 부피는 물 속에 넣은 왕관의 부피와 같으므로 왕관도 순금으로 만들었다면 물이 가득 찬 욕조에 왕관을 넣었을 때와 순금을 넣었을 때 넘친 물의 양이 같아야 해요.

만약 왕관에 금이 아닌 은이 섞였다면 왕관을 넣어 넘친 물의 부피는 순금을 넣어 넘친 물의 부피보다 커지므로 넘친 물의 양이 달라져요. 이런 아르키메데스 원리를 이용하면 구하기 어려운 부피도 쉽게 구할 수 있어요.

셋째 마당

각기둥과 각뿔

셋째 마당에서는 여러 개의 다각형으로 이루어진 '각기둥'과 '각뿔'에 대해서 배워요. 각기둥과 각뿔도 직육면체와 같이 모서리를 잘라서 펼친 전개도를 확인할 수 있어요. 각기둥과 각뿔이 무엇인지 알아볼까요?

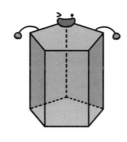 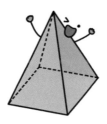

	공부할 내용!	완료	10일 진도	20일 진도
11	다각형으로만 이루어진 '각기둥'	☐	6일차	11일차
12	각기둥을 잘라서 펼친 '각기둥의 전개도'	☐		12일차
13	각기둥의 부피도 구할 수 있어	☐	7일차	13일차
14	각기둥의 겉넓이도 구할 수 있어	☐		14일차
15	밑면이 1개, 옆면이 삼각형인 '각뿔'	☐	8일차	15일차
16	각뿔을 잘라서 펼친 '각뿔의 전개도'	☐		16일차

다각형으로만 이루어진 '각기둥'

☆ 각기둥

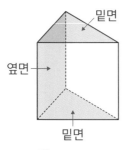

밑면

옆면→

밑면

- **밑면**: 평행 하고 합동인 두 면으로 다각형입니다.
- **옆면**: 두 밑면과 만나는 면으로 모두 직사각형입니다.

바빠 꿀팁!

- 각기둥이 아닌 도형

밑면이 서로
평행하지 않습니다.

밑면이 합동이
아닙니다.

밑면이
다각형이 아닙니다.

☆ 각기둥의 이름

각기둥의 이름은 밑면 의 모양에 따라 정해집니다.

각기둥		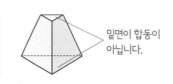	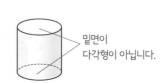
밑면의 모양	삼각형	사각형	오각형
각기둥의 이름	삼각기둥	사각기둥	오각기둥

☆ 각기둥의 구성 요소

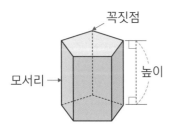

꼭짓점

모서리→

높이

밑면이 ●각형인 각기둥을
●각기둥이라고 해.

- **모서리**: 면과 면이 만나는 선분

  (●각기둥의 모서리의 수)=●×3

- **꼭짓점**: 모서리와 모서리가 만나는 점

  (●각기둥의 꼭짓점의 수)=●×2

- **높이**: 두 밑면 사이의 거리

●각기둥의 ●와 꼭짓점, 면, 모서리의 수 사이의 관계를 생각해 봐요.

🐾 각기둥을 보고 빈칸에 알맞은 수를 써넣으세요.

●각기둥			
한 밑면의 변의 수(개)	꼭짓점의 수(개)	면의 수(개)	모서리의 수(개)
●	●×2	●+2	●×3

●각기둥에 대해 알아봐요.

❶
삼각기둥	
꼭짓점의 수(개)	6
면의 수(개)	5
모서리의 수(개)	9

❷
사각기둥	
꼭짓점의 수(개)	
면의 수(개)	
모서리의 수(개)	

❸
사각기둥	
꼭짓점의 수(개)	
면의 수(개)	
모서리의 수(개)	

❹
육각기둥	
꼭짓점의 수(개)	
면의 수(개)	
모서리의 수(개)	

❺
오각기둥	
꼭짓점의 수(개)	
면의 수(개)	
모서리의 수(개)	

❻
칠각기둥	
꼭짓점의 수(개)	
면의 수(개)	
모서리의 수(개)	

각기둥의 이름을 먼저 찾아내면 꼭짓점, 면, 모서리의 수도 쉽게 알 수 있어요!

🐾 ⬜ 안에 알맞은 말을 써넣고 표를 완성하세요.

❶

사 각기둥	
꼭짓점의 수(개)	8
면의 수(개)	6
모서리의 수(개)	12

면이 6개인 각기둥은~
6−2=4니까 사각기둥이네!

❷

⬜ 각기둥	
꼭짓점의 수(개)	6
면의 수(개)	
모서리의 수(개)	

❸

⬜ 각기둥	
꼭짓점의 수(개)	16
면의 수(개)	
모서리의 수(개)	

❹

⬜ 각기둥	
꼭짓점의 수(개)	
면의 수(개)	
모서리의 수(개)	15

❺

⬜ 각기둥	
꼭짓점의 수(개)	
면의 수(개)	8
모서리의 수(개)	

❻

⬜ 각기둥	
꼭짓점의 수(개)	
면의 수(개)	
모서리의 수(개)	21

🐾 밑면이 정다각형인 각기둥의 모든 모서리의 길이의 합을 구하세요.

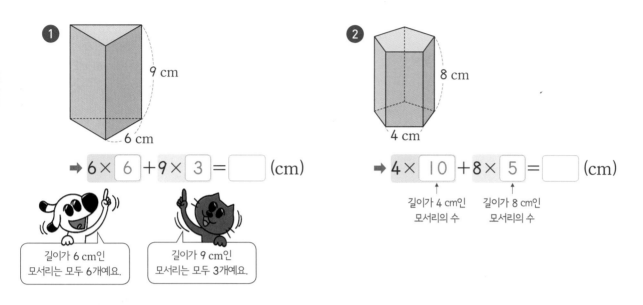

① 9 cm

6 cm

➡ $6 \times \boxed{6} + 9 \times \boxed{3} = \boxed{}$ (cm)

길이가 6 cm인
모서리는 모두 6개예요.

길이가 9 cm인
모서리는 모두 3개예요.

② 8 cm

4 cm

➡ $4 \times \boxed{10} + 8 \times \boxed{5} = \boxed{}$ (cm)

길이가 4 cm인   길이가 8 cm인
모서리의 수   모서리의 수

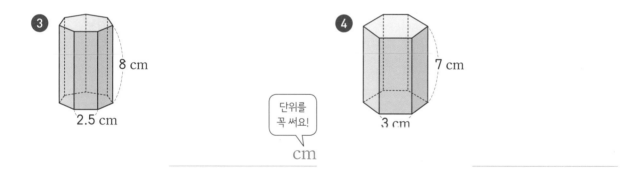

③ 8 cm

2.5 cm

단위를
꼭 써요!

cm

④ 7 cm

3 cm

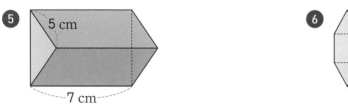

⑤ 5 cm

7 cm

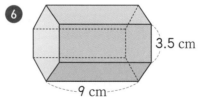

⑥ 3.5 cm

9 cm

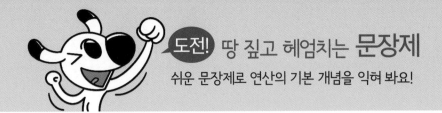

도전! 땅 짚고 헤엄치는 **문장제**

쉬운 문장제로 연산의 기본 개념을 익혀 봐요!

🐾 다음 문장을 읽고 문제를 풀어 보세요.

1 면이 10개인 각기둥이 있습니다. 이 각기둥의 꼭짓점과 모서리
는 각각 몇 개인지 차례로 구하세요.

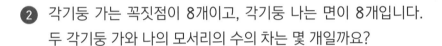

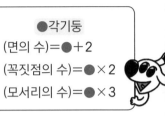

●각기둥
(면의 수)=●+2
(꼭짓점의 수)=●×2
(모서리의 수)=●×3

2 각기둥 가는 꼭짓점이 8개이고, 각기둥 나는 면이 8개입니다.
두 각기둥 가와 나의 모서리의 수의 차는 몇 개일까요?

각기둥 가와 나의
이름을 먼저 찾아봐요!

3 모든 모서리의 길이가 같은 육각기둥이 있습니다. 이 육각기둥
의 모든 모서리의 길이의 합이 72 cm일 때, 한 모서리의 길이
는 몇 cm일까요?

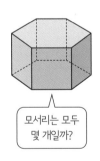

모서리는 모두
몇 개일까?

4 한 변의 길이가 3 cm인 정삼각형을 밑면으로 하는 삼각기둥이
있습니다. 이 삼각기둥의 모든 모서리의 길이의 합이 33 cm일
때, 삼각기둥의 높이는 몇 cm일까요?

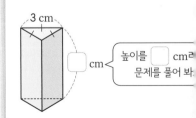

3 cm

☐ cm

높이를 ☐ cm라
문제를 풀어 봐

각기둥을 잘라서 펼친 '각기둥의 전개도'

☆ 각기둥의 전개도

각기둥의 모서리를 잘라서 펼친 그림을 각기둥의 | 전개도 |라고 합니다.

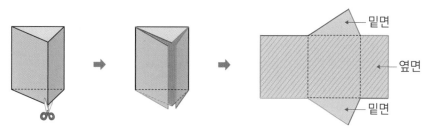

☆ 각기둥의 전개도의 특징

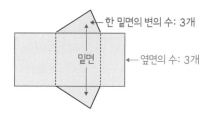

- 한 밑면의 변의 수: 3개
- 옆면의 수: 3개
- 밑면

• 두 밑면은 서로 | 합동 |입니다.

• 두 밑면은 항상 서로 떨어져 있습니다.

• 한 밑면의 변의 수와 | 옆면 |의 수가 같습니다.

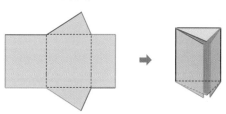

• 전개도를 접었을 때
  서로 맞닿는 선분의 길이가 | 같습니다 |.

각기둥의 옆면은 모두 직사각형이에요!

바빠 꿀팁!

• 전개도에서 밑면의 모양이나 옆면의 수로 각기둥의 이름을 알 수 있어요.

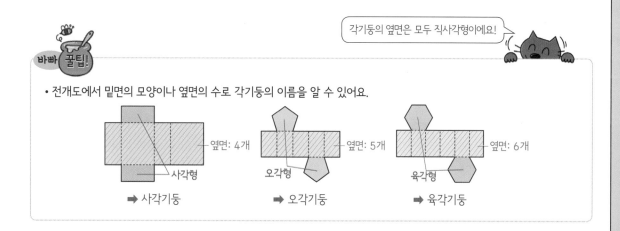

옆면: 4개 / 사각형 ➡ 사각기둥

옆면: 5개 / 오각형 ➡ 오각기둥

옆면: 6개 / 육각형 ➡ 육각기둥

🐾 각기둥의 전개도에서 옆면의 둘레를 구하세요.

❶

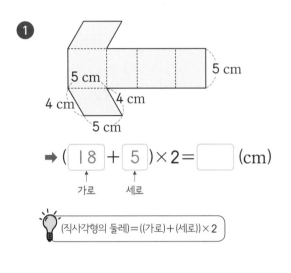

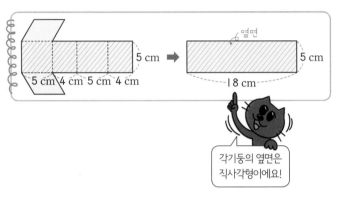

각기둥의 옆면은
직사각형이에요!

➡ ([18] + [5])×2= [ ] (cm)

↑   ↑
가로   세로

💡 (직사각형의 둘레)=((가로)+(세로))×2

❷

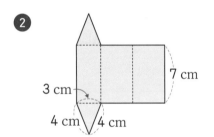

❸

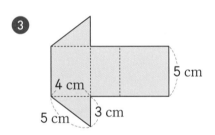

서로 떨어져 있는 두 밑면을
제외한 면이 옆면이 돼요.

❹

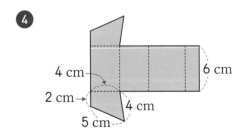

❺

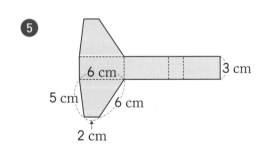

🐾 각기둥의 옆면만 그린 전개도의 일부분입니다. 각기둥의 밑면의 모양과 한 밑면의
둘레를 구하세요.

1

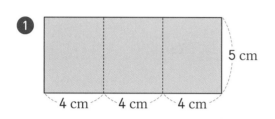

밑면의 모양	삼각형
한 밑면의 둘레(cm)	12

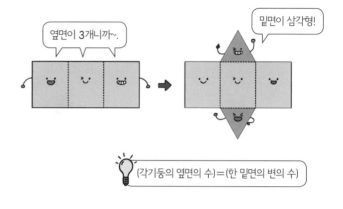

옆면이 3개니까~.

밑면이 삼각형!

💡 (각기둥의 옆면의 수)=(한 밑면의 변의 수)

2

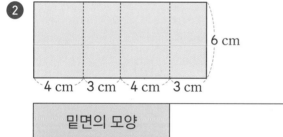

밑면의 모양	
한 밑면의 둘레(cm)	

3

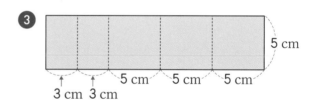

밑면의 모양	
한 밑면의 둘레(cm)	

4

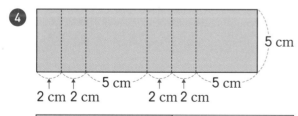

밑면의 모양	
한 밑면의 둘레(cm)	

5

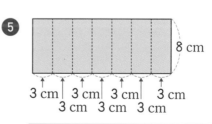

밑면의 모양	
한 밑면의 둘레(cm)	

🐾 밑면이 정다각형인 각기둥의 전개도의 둘레를 구하는 식을 쓰고 답을 구하세요.

1

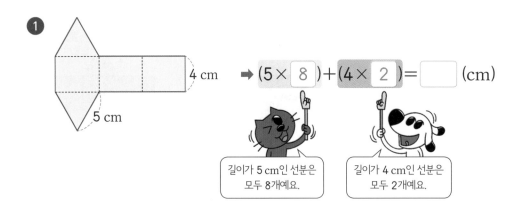

→ $(5 \times \boxed{8}) + (4 \times \boxed{2}) = \boxed{}$ (cm)

길이가 5 cm인 선분은 모두 8개예요.

길이가 4 cm인 선분은 모두 2개예요.

2

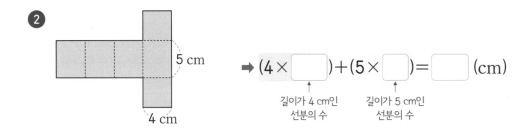

→ $(4 \times \boxed{}) + (5 \times \boxed{}) = \boxed{}$ (cm)

길이가 4 cm인 선분의 수

길이가 5 cm인 선분의 수

길이가 같은 선분의 수를 세어 봐요.

3

→ $(2 \times \boxed{}) + (6 \times \boxed{}) = \boxed{}$ (cm)

길이가 2 cm인 선분의 수

길이가 6 cm인 선분의 수

🐾 밑면의 모양이 정삼각형인 각기둥의 전개도입니다. 문제를 풀어 보세요. [1~3]

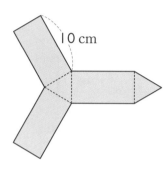

밑면의 모양이 정삼각형이므로 정삼각기둥이에요.

① 전개도의 둘레에서 각기둥의 높이와 길이가 같은 선분은 모두 몇 개일까요?

_____

• 전개도를 접었을 때 서로 맞닿는 선분의 길이가 같습니다.

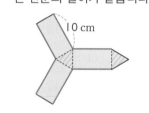

② 전개도의 둘레에서 밑면의 한 변과 길이가 같은 선분은 모두 몇 개일까요?

_____

밑면의 모양이 삼각형인 각기둥의 전개도예요.

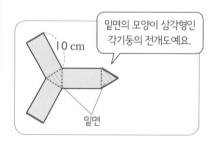

밑면

③ 전개도의 둘레가 80 cm일 때, 각기둥의 밑면의 한 변의 길이는 몇 cm일까요?

_____

13 각기둥의 부피도 구할 수 있어

✪ 각기둥의 부피

각기둥은 밑면과 같은 [평면도형]이 쌓여 만들어진 모양으로
각기둥의 부피는 밑면의 넓이와 높이의 곱으로 구합니다.

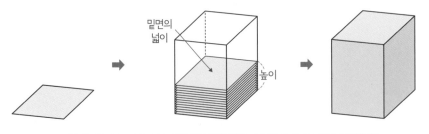

➡ (각기둥의 부피)=(밑면의 넓이)×(높이)

> 평면도형은 두께가 없지만
> 차곡차곡 쌓으면 두께가
> 있는 입체도형이 돼요.

바빠 꿀팁!

• 밑면이 될 수 있는 도형 중 여러 가지 사각형의 넓이를 구하는 공식을 다시 한 번 알아봐요.

평행사변형 마주 보는 두 쌍의 변의 길이가 같고, 서로 평행하며,
마주 보는 두 각의 크기가 같은 사각형
➡ (평행사변형의 넓이)=(밑변의 길이)×(높이)

마름모 네 변의 길이가 모두 같고,
마주 보는 두 쌍의 변이 서로 평행한 사각형
➡ (마름모의 넓이)=(한 대각선의 길이)×(다른 대각선의 길이)÷2

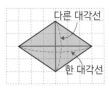

사다리꼴 마주 보는 한 쌍의 변이 서로 평행한 사각형
➡ (사다리꼴의 넓이)=((윗변의 길이)+(아랫변의 길이))×(높이)÷2

각기둥의 부피는 밑면의 넓이와 높이의 곱으로 구해요.
각기둥의 밑면을 먼저 찾으면 부피를 구하기 쉬워요.

🐾 각기둥의 부피를 구하는 식을 쓰고 답을 구하세요.

❶

밑면의 넓이
➡ $\boxed{6} \times \boxed{3} \times \boxed{} = \boxed{}$ (cm³)
　　↑　　　↑　　　↑
　　가로　세로　높이

❷

6 cm　5 cm
8 cm

밑면의 넓이
➡ $\boxed{8} \times \boxed{} \div 2 \times \boxed{} = \boxed{}$ (cm³)
　　　　　　　　　　↑
　　　　　　　각기둥의 높이

밑면은 서로 평행하고
합동인 다각형이에요.

❸

5 cm
8 cm　12 cm

밑면의 넓이
➡ $\boxed{} \times \boxed{} = \boxed{}$ (cm³)
　　　　　↑
　　각기둥의 높이

💡 (사다리꼴의 넓이)=((윗변의 길이)+(아랫변의 길이))×(높이)÷2

❹

6 cm
2 cm
6 cm　4 cm

밑면의 넓이
➡ $(\boxed{} + \boxed{}) \times \boxed{} \div 2 \times \boxed{} = \boxed{}$ (cm³)
　　↑　　　↑　　　↑　　　↑
　윗변의　아랫변의　사다리꼴의　각기둥의 높이
　길이　　길이　　높이

마주 보는 한 쌍의 변이 서로 평행한
사각형은 '사다리꼴'이에요.

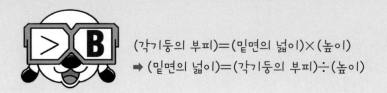

(각기둥의 부피)=(밑면의 넓이)×(높이)
➡ (밑면의 넓이)=(각기둥의 부피)÷(높이)

🐾 각기둥의 부피를 보고 밑면의 넓이를 구하는 식을 쓰고 답을 구하세요.

❶ 252 cm³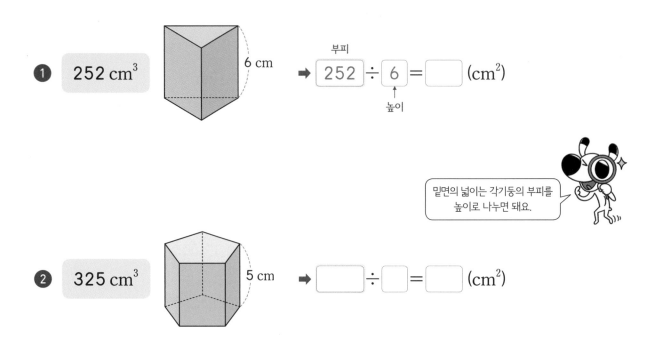

부피
➡ 252 ÷ 6 = ☐ (cm²)
높이

밑면의 넓이는 각기둥의 부피를
높이로 나누면 돼요.

❷ 325 cm³   5 cm   ➡ ☐ ÷ ☐ = ☐ (cm²)

❸ 175 cm³ 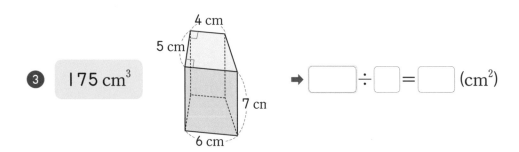   ➡ ☐ ÷ ☐ = ☐ (cm²)

❹ 207 cm³   9 cm   ➡ ☐ ÷ ☐ = ☐ (cm²)

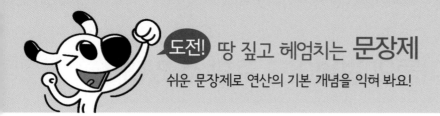
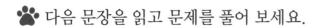 다음 문장을 읽고 문제를 풀어 보세요.

① 밑면의 넓이가 45 cm²이고, 높이가 6 cm인 오각기둥의 부피
는 몇 cm³일까요?

_____

각기둥의 부피는
밑면의 넓이와 높이의 곱이에요.

② 밑변의 길이가 3 cm, 높이가 6 cm인 삼각형을 밑면으로 하는
삼각기둥의 높이가 6 cm일 때, 부피는 몇 cm³일까요?

_____

각기둥의 밑면의 넓이와
높이를 알면 부피를 구할 수 있어요.

③ 부피가 425 cm³인 각기둥의 높이가 17 cm일 때, 각기둥의
밑면의 넓이는 몇 cm²일까요?

_____

④ 부피가 540 cm³이고, 밑면이 정사각형인 각기둥의 높이가
15 cm일 때, 각기둥의 밑면의 한 변의 길이는 몇 cm일까요?

_____

넓이:
● × ●
정사각형

각기둥과 각뿔 83

14 각기둥의 겉넓이도 구할 수 있어

☆ 각기둥의 겉넓이

각기둥에서 밑면은 2 개이고 서로 합동 이므로
각기둥의 겉넓이는 **두 밑면의 넓이**와 **옆면의 넓이**의 합으로 구합니다.

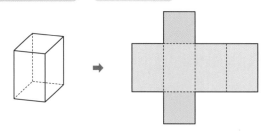

➡ (각기둥의 겉넓이)=(밑면의 넓이)×2+(옆면의 넓이)

☆ 각기둥의 겉넓이 구하기

방법 1 각각의 면의 넓이의 합으로 구하기

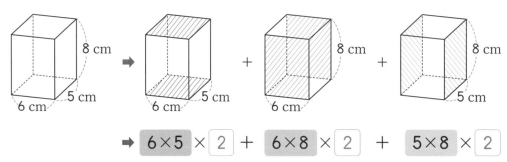

➡ 6×5 × 2 + 6×8 × 2 + 5×8 × 2

방법 2 밑면의 모든 변의 길이의 합을 한 변으로 하는 큰 사각형으로 구하기

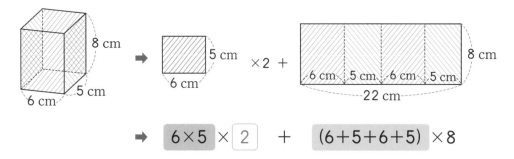

➡ 6×5 × 2 + (6+5+6+5) ×8

각기둥은 밑면이 항상 2개예요.
각기둥의 전개도에서 옆면을 하나의 큰 사각형으로 놓고 겉넓이를 구해 봐요.

🐾 각기둥의 겉넓이를 구하는 식을 쓰고 답을 구하세요.

💡 (옆면의 넓이)=(밑면의 모든 변의 길이의 합)×(높이)

①

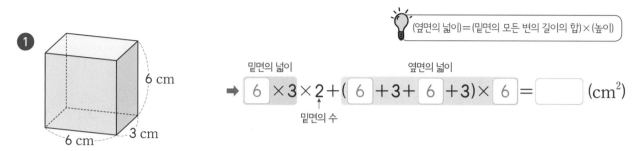

밑면의 넓이   옆면의 넓이

➡ $6 \times 3 \times 2 + (6 + 3 + 6 + 3) \times 6 = \boxed{}$ (cm²)

↑ 밑면의 수

②

10 cm
6 cm
8 cm
5 cm

밑면의 넓이   옆면의 넓이

➡ $\boxed{} \times \boxed{} \div 2 \times 2 + (8+6+10) \times \boxed{} = \boxed{}$ (cm²)

↑ 밑면의 수

💡 각각의 면의 넓이의 합으로 구할 수도 있어요.

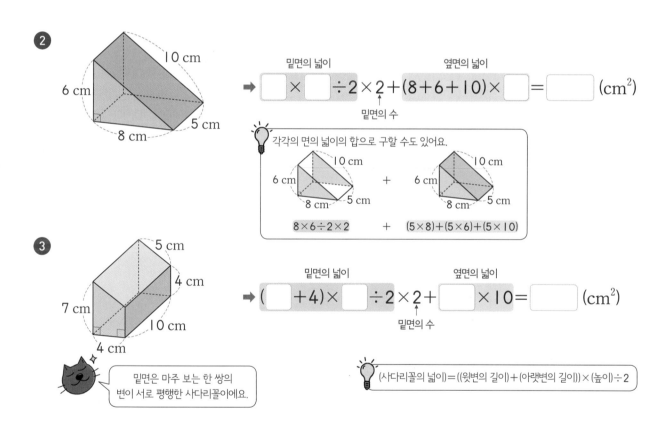

$8 \times 6 \div 2 \times 2$ + $(5 \times 8) + (5 \times 6) + (5 \times 10)$

③

5 cm
4 cm
7 cm
10 cm
4 cm

밑면의 넓이   옆면의 넓이

➡ $(\boxed{} + 4) \times \boxed{} \div 2 \times 2 + \boxed{} \times 10 = \boxed{}$ (cm²)

↑ 밑면의 수

🐱 밑면은 마주 보는 한 쌍의 변이 서로 평행한 사다리꼴이에요.

💡 (사다리꼴의 넓이)=((윗변의 길이)+(아랫변의 길이))×(높이)÷2

④

5 cm
1 cm
5 cm
7 cm
6 cm
4 cm

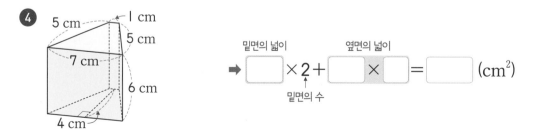

밑면의 넓이   옆면의 넓이

➡ $\boxed{} \times 2 + \boxed{} \times \boxed{} = \boxed{}$ (cm²)

↑ 밑면의 수

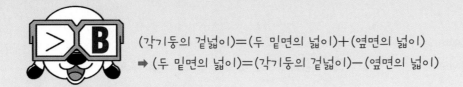

🐾 밑면이 정다각형인 각기둥의 겉넓이를 보고 두 밑면의 넓이를 구하는 식을 쓰고 답
을 구하세요.

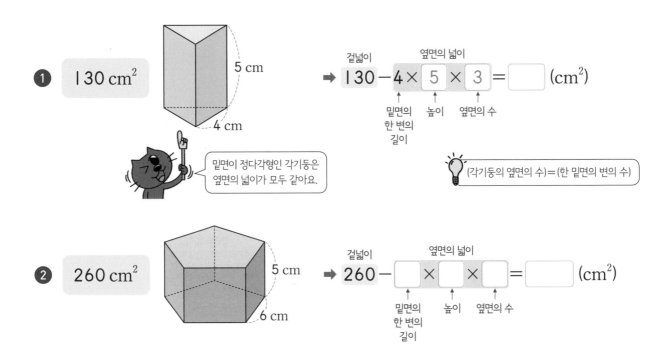

① 130 cm²   5 cm   4 cm

밑면이 정다각형인 각기둥은
옆면의 넓이가 모두 같아요.

겉넓이   옆면의 넓이
➡ 130 − 4 × 5 × 3 = ☐ (cm²)
밑면의   높이   옆면의 수
한 변의
길이

💡 (각기둥의 옆면의 수)=(한 밑면의 변의 수)

② 260 cm²   5 cm   6 cm

겉넓이   옆면의 넓이
➡ 260 − ☐ × ☐ × ☐ = ☐ (cm²)
밑면의   높이   옆면의 수
한 변의
길이

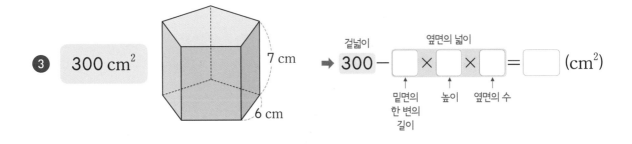

③ 300 cm²   7 cm   6 cm

겉넓이   옆면의 넓이
➡ 300 − ☐ × ☐ × ☐ = ☐ (cm²)
밑면의   높이   옆면의 수
한 변의
길이

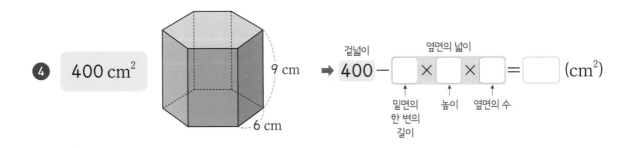

④ 400 cm²   9 cm   6 cm

겉넓이   옆면의 넓이
➡ 400 − ☐ × ☐ × ☐ = ☐ (cm²)
밑면의   높이   옆면의 수
한 변의
길이

🐾 다음 문장을 읽고 문제를 풀어 보세요.

❶ 두 밑면의 넓이가 50 cm²이고, 옆면의 넓이가 60 cm²인 각기둥의 겉넓이는 몇 cm²일까요?

_____

❷ 한 밑면의 넓이가 46 cm²이고, 옆면의 넓이가 80 cm²인 각기둥의 겉넓이는 몇 cm²일까요?

_____

각기둥은 합동인 밑면이 2개 있어요!

❸ 넓이가 36 cm²인 정사각형을 밑면으로 하는 각기둥의 높이가 8 cm일 때, 각기둥의 겉넓이는 몇 cm²일까요?

_____

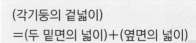

(각기둥의 겉넓이)
=(두 밑면의 넓이)+(옆면의 넓이)

❹ 둘레의 합이 25 cm이고, 넓이가 40 cm²인 오각형을 밑면으로 하는 오각기둥의 높이가 8 cm일 때, 각기둥의 겉넓이는 몇 cm²일까요?

_____

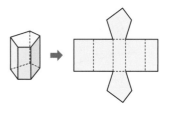

☆ 각뿔

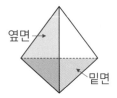

- 밑면 : 각뿔을 놓았을 때 바닥에 놓인 면으로 다각형입니다.
- 옆면 : 밑면과 만나는 면으로 모두 삼각형이고, 모두 한 꼭짓점에서 만납니다.

☆ 각뿔의 이름

각뿔의 이름은 밑면 의 모양에 따라 정해집니다.

각뿔		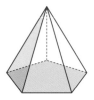	
밑면의 모양	삼각형	사각형	오각형
각뿔의 이름	삼각뿔	사각뿔	오각뿔

☆ 각뿔의 구성 요소

밑면이 ●각형인 각뿔을 ●각뿔이라고 해요.

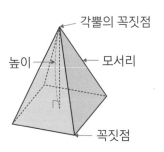

- 모서리: 면과 면이 만나는 선분

  (●각뿔의 모서리의 수)=●×2

- 꼭짓점: 모서리와 모서리가 만나는 점

  (●각뿔의 꼭짓점의 수)=●+1

- 각뿔의 꼭짓점: 꼭짓점 중에서 옆면이 모두 만나는 점
- 높이: 각뿔의 꼭짓점에서 밑면에 수직인 선분의 길이

 ●각뿔의 ●와 꼭짓점, 면, 모서리의 수 사이의 관계를 생각해 봐요.

😺 각뿔을 보고 빈칸에 알맞은 수를 써넣으세요.

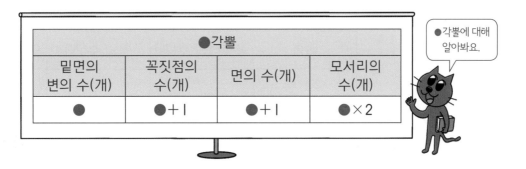

●각뿔에 대해 알아봐요.

●각뿔			
밑면의 변의 수(개)	꼭짓점의 수(개)	면의 수(개)	모서리의 수(개)
●	●+1	●+1	●×2

❶ 삼각뿔

꼭짓점의 수(개)	4
면의 수(개)	4
모서리의 수(개)	6

❷ 사각뿔

꼭짓점의 수(개)	
면의 수(개)	
모서리의 수(개)	

❸ 오각뿔

꼭짓점의 수(개)	
면의 수(개)	
모서리의 수(개)	

❹ 육각뿔

꼭짓점의 수(개)	
면의 수(개)	
모서리의 수(개)	

❺ 칠각뿔

꼭짓점의 수(개)	
면의 수(개)	
모서리의 수(개)	

❻ 팔각뿔

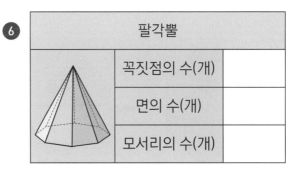

꼭짓점의 수(개)	
면의 수(개)	
모서리의 수(개)	

🐾 각뿔의 밑면의 모양을 보고 표를 완성하세요.

❶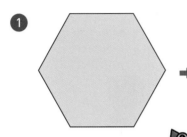

이름	꼭짓점의 수(개)	면의 수(개)	모서리의 수(개)
육각뿔	7		

 밑면이 육각형이면 육각뿔이 돼.

 육각뿔의 꼭짓점은 밑면에 6개, 꼭지에 1개! 총 7개야.

❷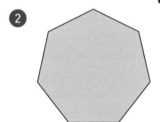

이름	꼭짓점의 수(개)	면의 수(개)	모서리의 수(개)

❸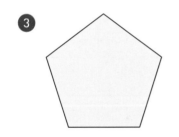

이름	꼭짓점의 수(개)	면의 수(개)	모서리의 수(개)

❹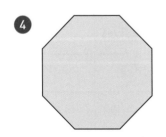

이름	꼭짓점의 수(개)	면의 수(개)	모서리의 수(개)

각뿔의 이름을 먼저 찾아내면 꼭짓점, 면, 모서리의 수도 쉽게 알 수 있어요!

🐾 ☐ 안에 알맞은 말을 써넣고 표를 완성하세요.

❶
사 각뿔	
꼭짓점의 수(개)	5
면의 수(개)	5
모서리의 수(개)	8

면이 5개인 각뿔은~
5−1=4니까 사각뿔이네!

❷
☐ 각뿔	
꼭짓점의 수(개)	4
면의 수(개)	
모서리의 수(개)	

❸
☐ 각뿔	
꼭짓점의 수(개)	9
면의 수(개)	
모서리의 수(개)	

❹
☐ 각뿔	
꼭짓점의 수(개)	
면의 수(개)	
모서리의 수(개)	10

❺
☐ 각뿔	
꼭짓점의 수(개)	
면의 수(개)	7
모서리의 수(개)	

❻
☐ 각뿔	
꼭짓점의 수(개)	
면의 수(개)	
모서리의 수(개)	14

도전! 땅 짚고 헤엄치는 **문장제**

쉬운 문장제로 연산의 기본 개념을 익혀 봐요!

🐾 다음 문장을 읽고 문제를 풀어 보세요.

1 면이 11개인 각뿔이 있습니다. 이 각뿔의 꼭짓점과 모서리는 각각 몇 개인지 차례로 구하세요.

_____ , _____

> **●각뿔**
> (면의 수)=●+1
> (꼭짓점의 수)=●+1
> (모서리의 수)=●×2

2 사각기둥과 모서리의 수가 같은 각뿔이 있습니다. 이 각뿔의 꼭짓점은 몇 개일까요?

_____

> **모서리의 수**
> | ●각기둥: | ●각뿔: |
> |---|---|
> | (●×3)개 | (●×2)개 |

3 모서리의 길이가 모두 같은 오각뿔이 있습니다. 한 모서리의 길이가 4 cm인 오각뿔의 모든 모서리의 길이의 합은 몇 cm일까요?

_____

> 모서리는 몇 개일까?

4 각뿔의 꼭짓점의 수와 모서리의 수의 합은 25개입니다. 이 각뿔의 이름은 무엇일까요?

_____

> ●각뿔의 꼭짓점의 수:
> (●+1)개
> ●각뿔의 모서리의 수:
> (●×2)개

16

각뿔을 잘라서 펼친 '각뿔의 전개도'

☆ 각뿔의 전개도

각뿔의 모서리를 잘라서 펼친 그림을 각기둥의 전개도 라고 합니다.

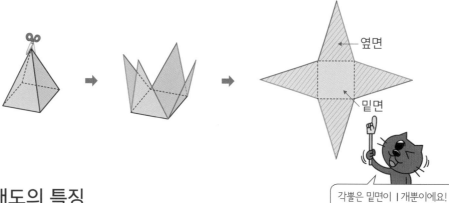

옆면

밑면

각뿔은 밑면이 1개뿐이에요!

☆ 각뿔의 전개도의 특징

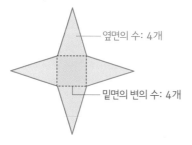

옆면의 수: 4개

밑면의 변의 수: 4개

• 밑면의 변의 수와 옆면 의 수가 같습니다.

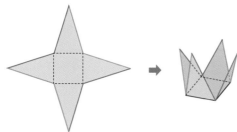

• 전개도를 접었을 때
서로 맞닿는 선분의 길이가 같습니다 .

우리는 밑면이 2개야!
옆면은 모두 직사각형이지.

나는 밑면이 1개뿐이야.
옆면은 모두 삼각형이지.

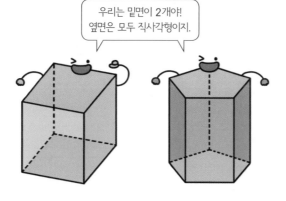

🐾 밑면이 정다각형인 각뿔의 전개도의 둘레를 구하는 식을 쓰고 답을 구하세요.

①

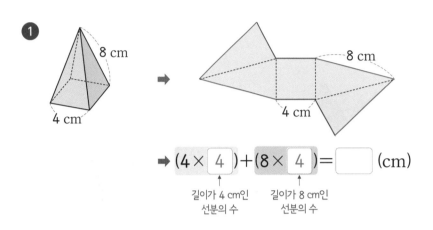

전개도에서 길이가 같은 선분의 수를 세어 확인해요.

➡ $(4 \times \boxed{4}) + (8 \times \boxed{4}) = \boxed{}$ (cm)

길이가 4 cm인 선분의 수   길이가 8 cm인 선분의 수

②

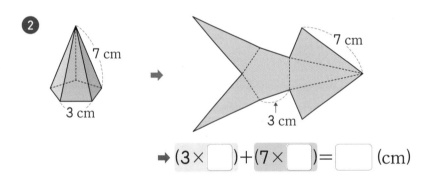

➡ $(3 \times \boxed{}) + (7 \times \boxed{}) = \boxed{}$ (cm)

③

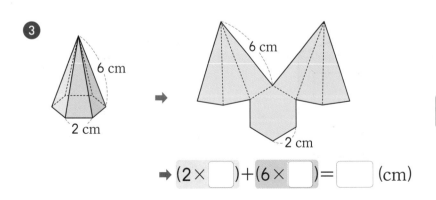

자르는 방법에 따라 다양한 모양의 전개도가 나와요.

➡ $(2 \times \boxed{}) + (6 \times \boxed{}) = \boxed{}$ (cm)

●각뿔의 옆면은 ●개예요.

🐾 밑면이 정다각형인 각뿔의 전개도의 일부분입니다. 옆면의 넓이의 합을 구하세요.

❶
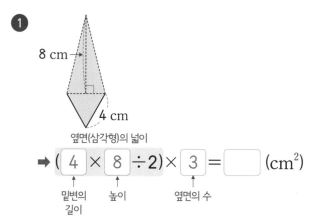
8 cm

4 cm

옆면(삼각형)의 넓이

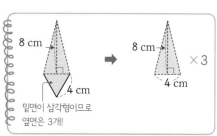
8 cm   →   8 cm   ×3
4 cm   4 cm

밑면이 삼각형이므로
옆면은 3개!

➡ (4 × 8 ÷2)× 3 = □ (cm²)

밑변의   높이   옆면의 수
길이

💡 (삼각형의 넓이)＝(밑변의 길이)×(높이)÷2

❷
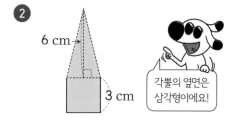
6 cm

3 cm

각뿔의 옆면은
삼각형이에요!

❸
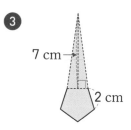
7 cm

2 cm

❹
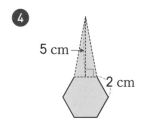
5 cm

2 cm

❺
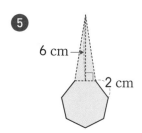
6 cm

2 cm

🐾 밑면이 정다각형이고 옆면이 합동인 이등변삼각형으로
이루어진 각뿔의 전개도입니다. 문제를 풀어 보세요.

[❶~❸]

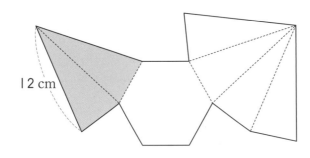

❶ 위의 전개도를 접으면 어떤 입체도형이 될까요?

밑면과 옆면의 모양으로
이름을 알 수 있어요!

❷ 색칠한 옆면의 둘레가 34 cm일 때, 밑면의 한 변의 길이는 몇
cm일까요?

❸ 전개도의 둘레는 몇 cm일까요?

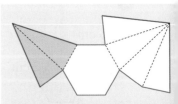

길이가 같은 변이 각각 몇 개씩
있는지 세어 봐요.

넷째 마당

원기둥, 원뿔, 구

넷째 마당에서 배우는 입체도형에서는 원을 찾을 수 있어요. 밑면이 원인 원기둥과 원뿔, 어느 방향에서 바라봐도 원으로 보이는 구까지. 원기둥, 원뿔, 구는 어떻게 만들어지는지 이해하고 나면 특징도 쉽게 이해할 수 있어요.

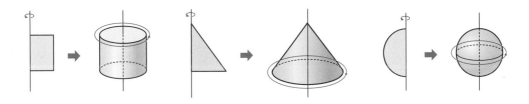

원이 보이는 입체도형 '원기둥', '원뿔', '구'

17

☆ **원기둥**: 마주 보는 두 면이 서로 평행 하고 합동 인 원으로 이루어진 입체도형

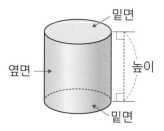

• **밑면**: 서로 평행하고 합동인 면
• **옆면**: 두 밑면과 만나는 면으로 굽은 면
• **높이**: 두 밑면에 수직인 선분의 길이

☆ **원뿔**: 평평한 면이 원 이고 옆을 둘러싼 면이 굽은 면인 뿔 모양의 입체도형

• **밑면**: 평평한 면
• **옆면**: 옆을 둘러싼 굽은 면
• **원뿔의 꼭짓점**: 뾰족한 부분의 점
• **모선**: 원뿔의 꼭짓점과 밑면인 원의 둘레의 한 점을 이은 선분
• **높이**: 원뿔의 꼭짓점에서 밑면에 수직인 선분의 길이

☆ **구**: 공과 같이 어느 쪽에서 보아도 원 으로 보이는 입체도형

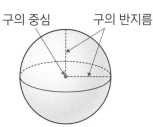

• **구의 중심**: 가장 안쪽에 있는 점
• **구의 반지름**: 구의 중심에서 구의 겉면의 한 점을 이은 선분

☆ **원기둥, 원뿔, 구를 위, 앞, 옆에서 본 모양**

구는 어느 방향에서 보아도 모양이 같아요.

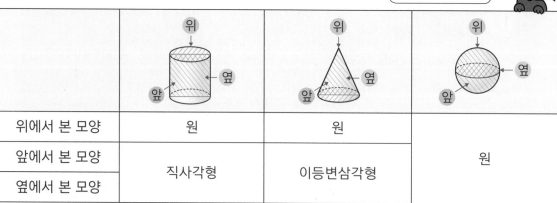

	위 옆 앞	위 옆 앞	위 옆 앞
위에서 본 모양	원	원	
앞에서 본 모양	직사각형	이등변삼각형	원
옆에서 본 모양			

각각의 회전체를 위에서 본 모양은 모두 원 모양이에요.
앞에서 본 모양은 어떤 모양인지 확인해 봐요.

🐾 다음 도형을 위와 앞에서 보았을 때 보이는 모양과 둘레를 구하세요. (원주율: 3)

1

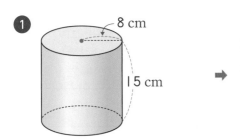

8 cm
15 cm

➡

	모양	둘레(cm)
위	원	48
앞	직사각형	62

💡 (원의 둘레)=(반지름)×2×(원주율)
　(직사각형의 둘레)=((가로)+(세로))×2

2

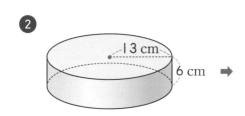

13 cm
6 cm

➡

	모양	둘레(cm)
위		
앞		

3

12 cm
13 cm
5 cm

➡

	모양	둘레(cm)
위		
앞		

삼각형의 둘레는 세 변의 길이의 합으로 구해요.

4

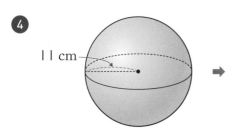

11 cm

➡

	모양	둘레(cm)
위		
앞		

원기둥, 원뿔, 구　99

다음 도형을 위와 앞에서 보았을 때 보이는 모양과 넓이를 구하세요. (원주율: 3)

①

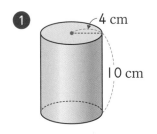

4 cm
10 cm

	모양	넓이(cm²)
위	원	48
앞	직사각형	80

💡 (원의 넓이)=(반지름)×(반지름)×(원주율)
(직사각형의 넓이)=(가로)×(세로)

②

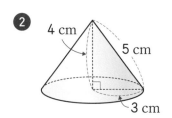

4 cm
5 cm
3 cm

	모양	넓이(cm²)
위		
앞		

💡 (삼각형의 넓이)=(밑변의 길이)×(높이)÷2

③

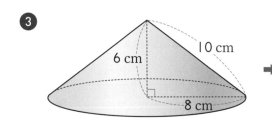

10 cm
6 cm
8 cm

	모양	넓이(cm²)
위		
앞		

④

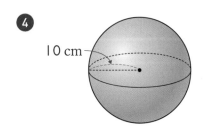

10 cm

	모양	넓이(cm²)
위		
앞		

🐾 원기둥, 원뿔, 구를 위에서 본 모양의 넓이가 108 cm²로 모두 같을 때, 문제를 풀어 보세요. (원주율: 3)

[❶~❹]

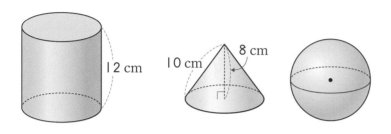

❶ 원기둥의 밑면의 반지름은 몇 cm일까요?

💡 (원의 넓이)=(반지름)×(반지름)×(원주율)

❷ 원기둥을 앞에서 본 모양의 넓이는 몇 cm²일까요?

💡 (직사각형의 넓이)=(가로)×(세로)

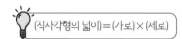

❸ 원뿔을 앞에서 본 모양의 넓이는 몇 cm²일까요?

❹ 구를 앞에서 본 모양의 넓이는 몇 cm²일까요?

위에서 본 모양은 모두 원이에요!

원기둥을 위에서 본 모양은 원이에요.

원기둥을 앞에서 본 모양은 직사각형이에요.

위에서 본 모양의 넓이가 같으므로 원뿔의 밑면의 반지름은 원기둥의 밑면의 반지름과 같아요.

구는 어느 방향에서 봐도 원 모양이에요.

18 회전체로 알아보는 '원기둥', '원뿔', '구'

☆ 회전체로 알아보는 원기둥, 원뿔, 구

- **원기둥:** 직사각형 모양의 종이를 한 변을 기준으로 한 바퀴 돌리면 원기둥이 됩니다.

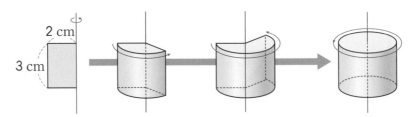

- **원뿔:** 직각삼각형 모양의 종이를 한 변을 기준으로 한 바퀴 돌리면 원뿔이 됩니다.

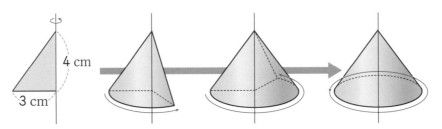

- **구:** 반원 모양의 종이를 지름을 기준으로 한 바퀴 돌리면 구가 됩니다.

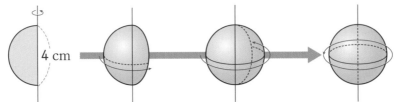

> 각각의 회전체를 앞에서 본 모양과 같아요!

바빠 꿀팁!

- 회전축을 포함하여 자른 단면의 모양

	원기둥	원뿔	구
회전축을 포함하여 자른 단면의 모양	직사각형	이등변삼각형	원

 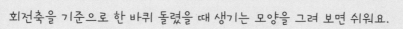

회전축을 기준으로 한 바퀴 돌렸을 때 생기는 모양을 그려 보면 쉬워요.

🐾 주어진 모양의 종이를 한 변을 기준으로 한 바퀴 돌려 입체도형을 만들었습니다. 표를 완성하세요.

1

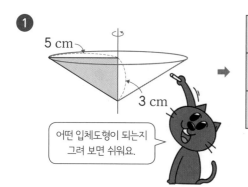

5 cm
3 cm

어떤 입체도형이 되는지
그려 보면 쉬워요.

회전체 이름	원뿔
밑면의 지름(cm)	10
높이(cm)	3

2

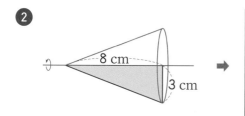

8 cm
3 cm

회전체 이름	
밑면의 지름(cm)	
높이(cm)	

3

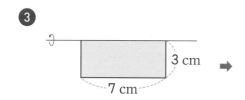

3 cm
7 cm

회전체 이름	
밑면의 지름(cm)	
높이(cm)	

4

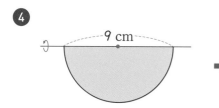

9 cm

회전체 이름	
구의 지름(cm)	

🐾 회전축을 포함하여 자른 단면의 넓이를 구하세요. (원주율: 3)

1

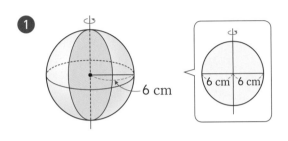

회전체는 회전축을 기준으로 접었을 때 완전히 겹치는 선대칭도형이에요.

2

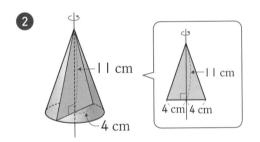

3

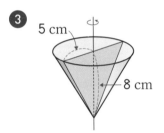

💡 • 선대칭도형: 대칭축을 따라 접었을 때 완전히 겹치는 도형

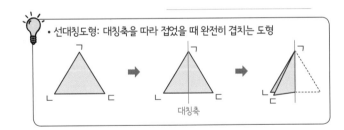

4

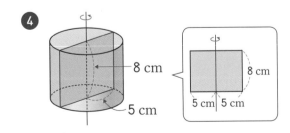

5

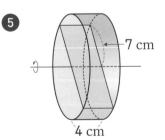

🐾 주어진 모양의 종이를 한 변을 기준으로 한 바퀴 돌려 만든 입체도형을 앞에서 본 모양의 넓이를 구하세요. (원주율: 3)

①

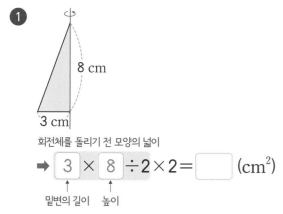

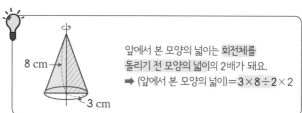

앞에서 본 모양의 넓이는 회전체를
돌리기 전 모양의 넓이의 2배가 돼요.
➡ (앞에서 본 모양의 넓이)=3×8÷2×2

회전체를 돌리기 전 모양의 넓이

➡ $\boxed{3} \times \boxed{8} \div 2 \times 2 = \boxed{}$ (cm²)

밑변의 길이   높이

②

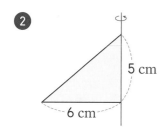

③

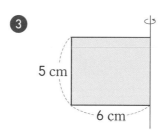

④

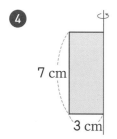

⑤

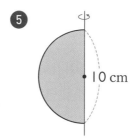

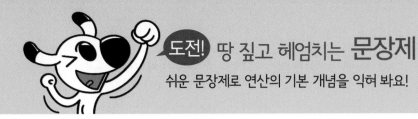

🐾 다음 문장을 읽고 문제를 풀어 보세요.

1 직사각형 모양의 종이를 한 변을 기준으로 한 바퀴 돌리면 만들어지는 입체도형의 이름은 무엇일까요?

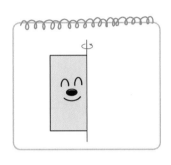

_____

2 반원을 지름을 기준으로 한 바퀴 돌리면 만들어지는 입체도형의 이름은 무엇일까요?

_____

3 회전축을 포함하여 자른 단면의 넓이가 147 cm²인 구가 있습니다. 이 구의 반지름은 몇 cm일까요? (원주율: 3)

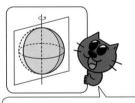

구는 회전축을 포함하여 자른 단면의 모양이 원이고 이때, 원의 반지름은 구의 반지름과 같아요.

_____

4 회전축을 포함하여 자른 단면의 넓이가 48 cm²인 직사각형의 세로가 8 cm일 때, 이 회전체의 한 밑면의 넓이는 몇 cm²일까요? (원주율: 3)

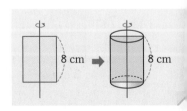

_____

원기둥을 잘라서 펼친 '원기둥의 전개도'

☆ 원기둥의 전개도

원기둥을 잘라서 펼쳐놓은 그림을 원기둥의 전개도 라고 합니다.

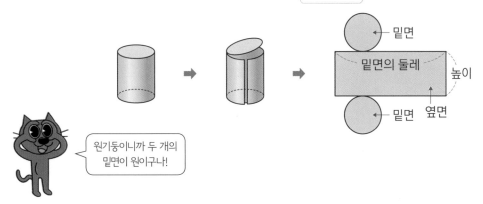

원기둥이니까 두 개의 밑면이 원이구나!

☆ 원기둥의 전개도의 특징

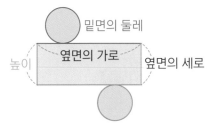

• 두 밑면은 서로 합동인 원이고, 서로 떨어져 있습니다.
• 옆면의 모양은 직사각형입니다.
• (옆면의 세로)=(원기둥의 높이)
  (옆면의 가로)=(밑면의 둘레)
  └→ (밑면의 지름)×(원주율)

바빠 꿀팁!

• 원기둥의 전개도가 될 수 없는 경우

전개도를 접으면 두 밑면이 서로 겹칩니다.

두 밑면이 합동이 아닙니다.

옆면이 직사각형이 아닙니다.

 원기둥의 전개도에서 옆면의 가로는 밑면의 둘레와 같아요.

🐾 원기둥의 전개도를 보고 ☐ 안에 알맞은 수를 써넣으세요. (원주율: 3.1)

1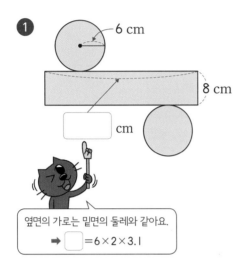

옆면의 가로는 밑면의 둘레와 같아요.
➡ ☐ = 6 × 2 × 3.1

2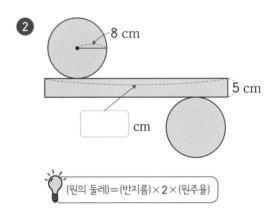

💡 (원의 둘레) = (반지름) × 2 × (원주율)

3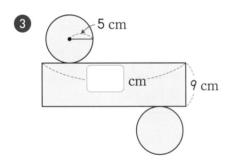

4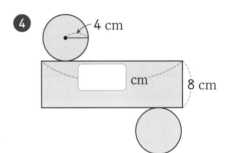

5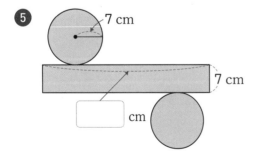

6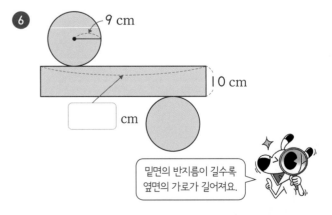

밑면의 반지름이 길수록
옆면의 가로가 길어져요.

 원기둥의 전개도에서 밑면의 둘레는 옆면의 가로와 같아요.
옆면의 가로를 원주율로 나누면 밑면의 지름이 돼요.

🐾 원기둥의 전개도를 보고 ☐ 안에 알맞은 수를 써넣으세요. (원주율: 3)

❶
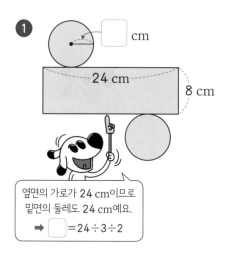
☐ cm

24 cm
8 cm

옆면의 가로가 24 cm이므로
밑면의 둘레도 24 cm예요.
➡ ☐ = 24 ÷ 3 ÷ 2

❷
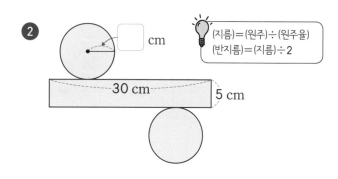
☐ cm

(지름) = (원주) ÷ (원주율)
(반지름) = (지름) ÷ 2

30 cm
5 cm

❸
☐ cm

36 cm
5 cm

❹
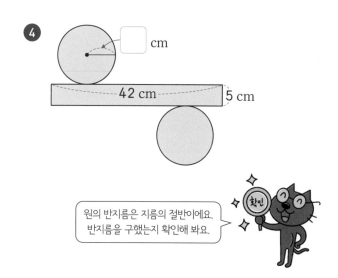
☐ cm

42 cm
5 cm

원의 반지름은 지름의 절반이에요.
반지름을 구했는지 확인해 봐요.

❺
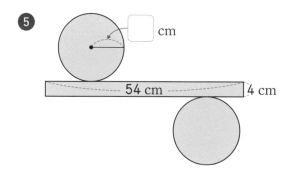
☐ cm

54 cm
4 cm

❻
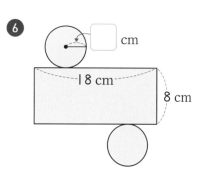
☐ cm

18 cm
8 cm

 원기둥의 전개도에서 밑면의 둘레와 옆면의 가로가 같아요.
길이가 같은 부분이 몇 개씩 있는지 세어 계산하면 간단해요.

🐾 원기둥의 전개도의 둘레를 구하세요. (원주율: 3)

①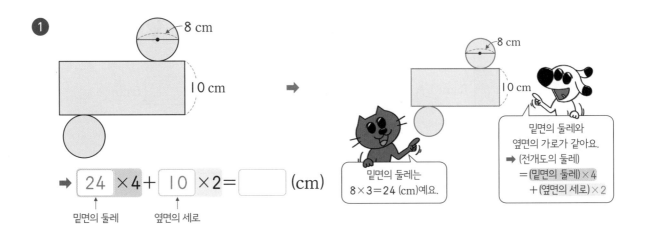

➡ 24 ×4+ 10 ×2= ☐ (cm)

밑면의 둘레   옆면의 세로

밑면의 둘레는
8×3=24 (cm)예요.

밑면의 둘레와
옆면의 가로가 같아요.
➡ (전개도의 둘레)
= (밑면의 둘레)×4
+ (옆면의 세로)×2

② ③

④ ⑤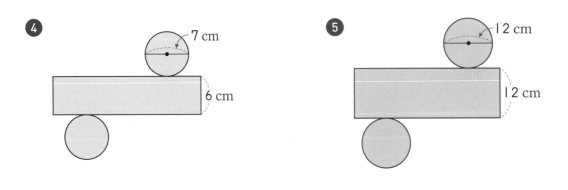

🐾 다음 문장을 읽고 문제를 풀어 보세요.

① 밑면의 지름이 25 cm인 원기둥의 전개도에서 옆면의 가로는 몇 cm일까요? (원주율: 3)

(원의 둘레)=(지름)×(원주율)

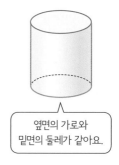

옆면의 가로와 밑면의 둘레가 같아요.

② 원기둥의 전개도에서 옆면의 가로가 62 cm일 때, 밑면의 반지름은 몇 cm일까요? (원주율: 3.1)

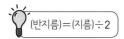
(반지름)=(지름)÷2

지름과 반지름을 헷갈리면 안 돼요!

③ 밑면의 지름이 15 cm이고, 높이가 9 cm인 원기둥이 있습니다. 원기둥의 전개도의 둘레는 몇 cm일까요? (원주율: 3)

밑면의 둘레
옆면의 가로

④ 밑면의 지름과 높이가 같은 원기둥이 있습니다. 이 원기둥의 전개도에서 옆면의 가로가 63 cm일 때, 원기둥의 높이는 몇 cm일까요? (원주율: 3)

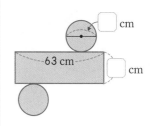
◻ cm
─63 cm─
◻ cm

☆ 원뿔의 전개도

원뿔을 잘라서 펼쳐놓은 그림을 원뿔의 전개도 라고 합니다.

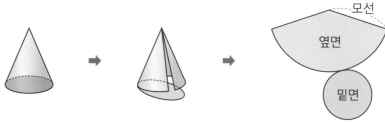

> 뿔은 밑면이 한 개니까
> 전개도에서도 밑면은 한 개야.

☆ 원뿔의 전개도의 특징

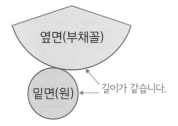

- 밑면의 모양은 원입니다.
- 옆면의 모양은 부채꼴입니다.
- (밑면의 둘레)＝(옆면의 호의 길이)
  └→ (밑면의 지름) × (원주율)

바빠 꿀팁!

- 부채꼴과 호 알기

  호: 원 위의 두 점을 연결한 원의 일부분

  부채꼴: 두 반지름과 호로 이루어진 도형

  중심각: 부채꼴에서 두 반지름이 이루는 각

> 부채 모양이니까
> 부채꼴!

> 와우!

 원뿔의 전개도에서 옆면의 호의 길이는 밑면의 둘레와 같아요.
옆면의 호의 길이를 원주율로 나누면 밑면의 지름이 돼요.

🐾 원뿔의 전개도를 보고 ⬚ 안에 알맞은 수를 써넣으세요. (원주율: 3)

1
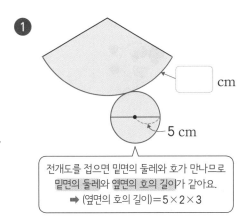
⬚ cm

5 cm

전개도를 접으면 밑면의 둘레와 호가 만나므로
밑면의 둘레와 옆면의 호의 길이가 같아요.
➡ (옆면의 호의 길이)=5×2×3

2
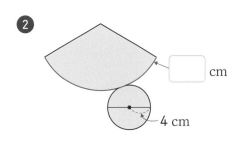
⬚ cm

4 cm

3
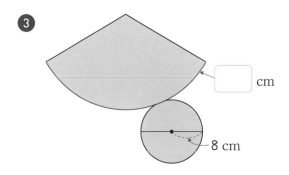
⬚ cm

8 cm

4
⬚ cm

6 cm

원의 반지름은 지름의 절반이에요.
반지름을 구했는지 확인해 봐요.
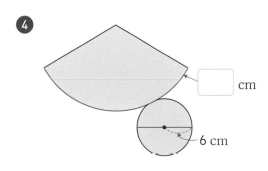

5
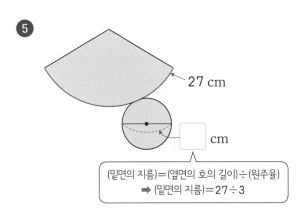
27 cm

⬚ cm

(밑면의 지름)=(옆면의 호의 길이)÷(원주율)
➡ (밑면의 지름)=27÷3

6
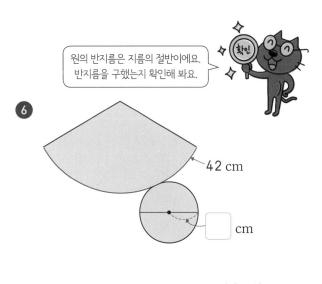
42 cm

⬚ cm

🐾 원뿔의 전개도의 둘레를 구하는 식을 쓰고 답을 구하세요. (원주율: 3)

❶

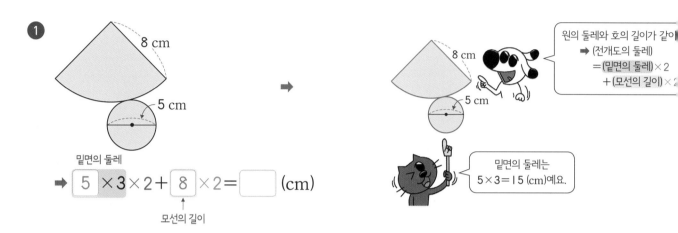

8 cm

5 cm

원의 둘레와 호의 길이가 같아
➡ (전개도의 둘레)
= (밑면의 둘레) × 2
+ (모선의 길이) × 2

밑면의 둘레

➡ $\boxed{5} \times 3 \times 2 + \boxed{8} \times 2 = \boxed{}$ (cm)

모선의 길이

밑면의 둘레는
5 × 3 = 15 (cm)예요.

❷

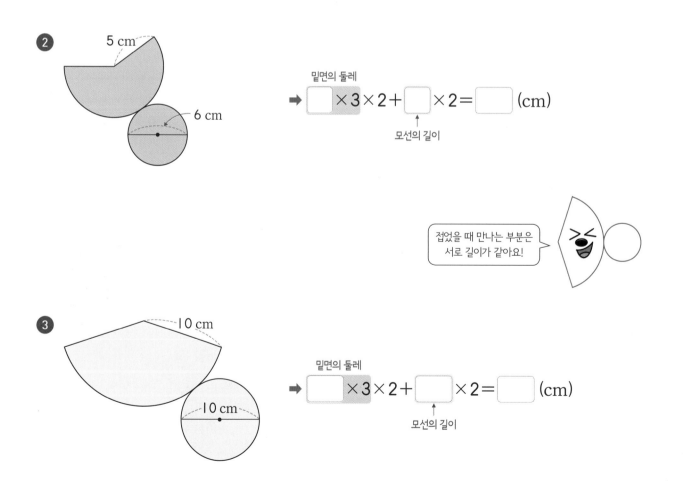

5 cm

6 cm

밑면의 둘레

➡ $\boxed{} \times 3 \times 2 + \boxed{} \times 2 = \boxed{}$ (cm)

모선의 길이

접었을 때 만나는 부분은
서로 길이가 같아요!

❸

10 cm

10 cm

밑면의 둘레

➡ $\boxed{} \times 3 \times 2 + \boxed{} \times 2 = \boxed{}$ (cm)

모선의 길이

🐾 반지름이 12 cm인 원을 똑같이 삼등분하여 나온 부채꼴 중 하나를 옆면으로 하는 원뿔의 전개도를 그렸습니다. 문제를 풀어 보세요. (원주율: 3) [①~③]

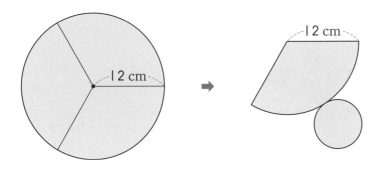

① 반지름이 12 cm인 원의 둘레는 몇 cm일까요?

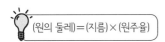

(원의 둘레)=(지름)×(원주율)

② 원뿔의 전개도에서 옆면의 호의 길이는 몇 cm일까요?

반지름이 12 cm인
원의 둘레의 $\frac{1}{3}$

③ 원뿔의 전개도에서 밑면의 지름은 몇 cm일까요?

밑면의 둘레는
옆면의 호의 길이와
같음을 이용해요!

원뿔과 구의 부피도 구할 수 있다!

수학자 아르키메데스는 다음과 같은 원기둥, 구, 원뿔의 부피의 관계를 발견했어요.

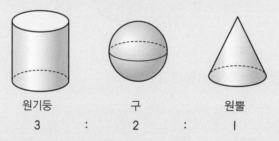

원기둥		구		원뿔
3	:	2	:	1

아르키메데스가 발견한 비의 관계가 맞는지 확인해 볼까요?
먼저, 원기둥의 밑면의 반지름과 반지름이 같은 구 모양의 컵과 원기둥과 밑면의 반지름과 높이가 같은 뿔 모양의 컵을 준비해요.

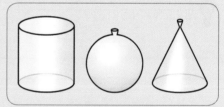

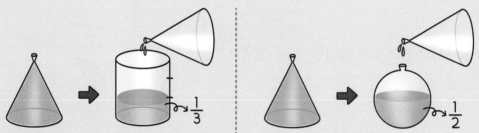

원뿔 모양의 컵에 물을 가득 담은 다음

그 물을 원기둥 모양의 컵에 옮겨 담자 원기둥 모양의 컵의 $\frac{1}{3}$만큼 물이 찼고,

구 모양의 컵에 옮겨 담자 구 모양의 컵의 $\frac{1}{2}$만큼 물이 찼어요.

따라서 원기둥의 부피는 원뿔의 3배가 되고, 구의 부피는 원뿔의 2배가 돼요.

이를 비로 나타내면 (원기둥) : (구) : (원뿔)=3 : 2 : 1로

아르키메데스가 발견한 비의 관계가 맞죠?

이처럼 아르키메데스가 발견한 부피의 관계로 원뿔과 구의 부피도 쉽게 구할 수 있어요.

초등 도형 공식 총정리

☆ 네 각이 모두 <u>직각</u>인 사각형
└→ 90°인 각

• 직사각형

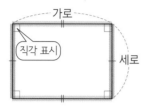

- 네 각이 모두 직각입니다.
- 마주 보는 두 변의 길이가 같습니다.

(직사각형의 둘레)=((가로)+(세로))×2

(직사각형의 넓이)=(가로)×(세로)

• 정사각형

- 네 각이 모두 직각입니다.
- 네 변의 길이가 모두 같습니다.

(정사각형의 둘레)=(한 변의 길이)×4

(정사각형의 넓이)=(한 변의 길이)×(한 변의 길이)

☆ 평행사변형: 마주 보는 두 쌍의 변이 서로 평행한 사각형

성질 마주 보는 두 변의 길이가 같고 마주 보는 두 각의 크기가 같습니다.

(평행사변형의 둘레)=((한 변의 길이)+(다른 한 변의 길이))×2

(평행사변형의 넓이)=(직사각형의 넓이)=(밑변의 길이)×(높이)

☆ 세 개의 곧은 선으로 만든, 세 개의 각이 있는 삼각형

(삼각형의 넓이)=(평행사변형의 넓이)÷2
           =(밑변의 길이)×(높이)÷2

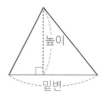

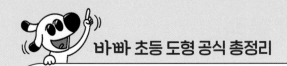

☆ **마름모**: 네 변의 길이가 모두 같은 사각형

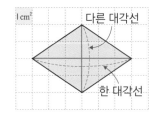

성질　마주 보는 두 쌍의 변이 서로 평행합니다.

(마름모의 둘레)＝(한 변의 길이)×4

(마름모의 넓이)＝(한 대각선의 길이)×(다른 대각선의 길이)÷2

☆ **사다리꼴**: 평행한 변이 한 쌍이라도 있는 사각형

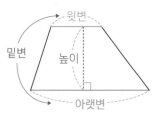

성질　사다리꼴은 마주 보는 한 쌍의 변이 서로 평행합니다.

(사다리꼴의 넓이)＝((윗변의 길이)＋(아랫변의 길이))×(높이)÷2

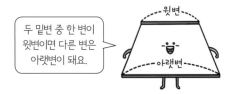

두 밑변 중 한 변이
윗변이면 다른 변은
아랫변이 돼요.

위에 있다고 윗변이
아닐 수 있어요~!

☆ **원**: 원의 중심에서 일정한 거리에 있는 점들을 이어서 만든 도형

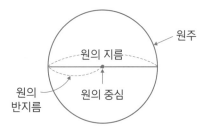

• 지름: 반지름의 2배　(지름)＝(반지름)×2

• 반지름: 지름의 반　(반지름)＝(지름)÷2

• 원주율: 원의 지름에 대한 원주의 비율

(원주율)＝(원주)÷(지름)

(원의 넓이)＝(원주율)×(반지름)×(반지름)

원주는 원을 한 바퀴 굴렸을 때 굴러간 거리와 같아요!

☆ **직육면체**: 다면체 중에서 직사각형 6개로 둘러싸인 도형

꼭짓점
모서리 →
← 면

- **면**: 선분으로 둘러싸인 부분
- **모서리**: 면과 면이 만나는 선분
- **꼭짓점**: 모서리와 모서리가 만나는 점

(직육면체의 부피)＝(가로)×(세로)×(높이)＝(밑면의 넓이)×(높이)

(직육면체의 <u>겉넓이</u>)＝(여섯 면의 넓이의 합)＝㉠＋㉡＋㉢＋㉣＋㉤＋㉥
└▸ 물체 겉면의 넓이

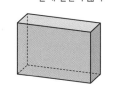 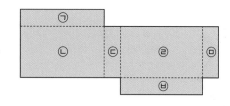

＊직육면체 중에서 정사각형 6개로 둘러싸인 도형을 정육면체라고 합니다.

☆ 직육면체와 정육면체

난 정육면체가 아니야!   난 직육면체도 될 수 있어!

	직육면체	정육면체
면의 수(개)	6	
모서리의 수(개)	I2	
꼭짓점의 수(개)	8	
면의 모양	직사각형	정사각형
모서리의 길이	다릅니다.	모두 같습니다.

☆ 다각형으로만 이루어진 각기둥

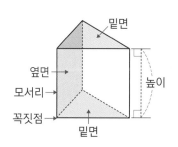

밑면
옆면 →
높이
모서리 →
꼭짓점 →
밑면

- **밑면**: 평행하고 합동인 두 면으로 다각형입니다.
- **옆면**: 두 밑면과 만나는 면으로 모두 직사각형입니다.

(각기둥의 부피)＝(밑면의 넓이)×(높이)

(각기둥의 겉넓이)＝(밑면의 넓이)×2＋(옆면의 넓이)

- 모서리: 면과 면이 만나는 선분   (●각기둥의 모서리의 수)＝●×3
- 꼭짓점: 모서리와 모서리가 만나는 점   (●각기둥의 꼭짓점의 수)＝●×2
- 높이: 두 밑면 사이의 거리

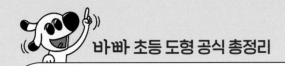

☆ 밑면이 1개, 옆면이 삼각형인 각뿔

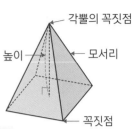

- 밑면: 각뿔을 놓았을 때 바닥에 놓인 면으로 다각형입니다.
- 옆면: 모두 삼각형이고, 모두 한 꼭짓점에서 만납니다.
- 모서리: 면과 면이 만나는 선분 **(●각뿔의 모서리의 수)=●×2**
- 꼭짓점: 모서리와 모서리가 만나는 점 **(●각뿔의 꼭짓점의 수)=●+1**
- 각뿔의 꼭짓점: 꼭짓점 중에서 옆면이 모두 만나는 점
- 높이: 각뿔의 꼭짓점에서 밑면에 수직인 선분의 길이

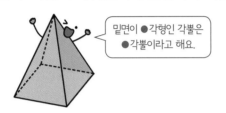 밑면이 ●각형인 각뿔은 ●각뿔이라고 해요.

 밑면이 ●각형인 각기둥도 ●각기둥이라고 해요.

☆ 원기둥, 원뿔, 구

- 원기둥: 마주 보는 두 면이 서로 평행하고, 합동인 원으로 이루어진 입체도형
- 원뿔: 평평한 면이 원이고 옆을 둘러싼 면이 굽은 면인 뿔 모양의 입체도형

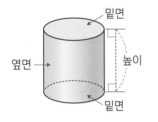  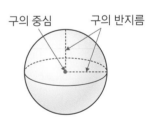

☆ 원기둥, 원뿔, 구를 위, 앞, 옆에서 본 모양

구는 어느 방향에서 보아도 모양이 같아요.

위에서 본 모양	원	원	원
앞에서 본 모양	직사각형	이등변삼각형	
옆에서 본 모양			

초등 수학 공부, 이렇게 하면 효과적!

"펑펑 내려야 눈이 쌓이듯 공부도 집중해야 실력이 쌓인다!"

학교 다닐 때는? 학기별 연산책 '바빠 교과서 연산'

'바빠 교과서 연산'부터 시작하세요. 학기별 진도에 딱 맞춘 쉬운 연산 책이니까요! 방학 동안 다음 학기 선행을 준비할 때도 '바빠 교과서 연산'으로 시작하세요! 교과서 순서대로 빠르게 공부할 수 있어, 첫 번째 수학 책으로 추천합니다.

시험이나 서술형 대비는? '나 혼자 푼다! 수학 문장제'

학교 시험을 대비하고 싶다면 '나 혼자 푼다! 수학 문장제'로 공부하세요. 너무 어렵지도 쉽지도 않은 딱 적당한 난이도로, 빈칸을 채우면 풀이 과정이 완성됩니다! 막막하지 않아요~ 요즘 학교 시험 풀이 과정을 손쉽게 연습할 수 있습니다.

방학 때는? 10일 완성 영역별 연산책 '바빠 연산법'

내가 부족한 영역만 골라 보충할 수 있어요! 예를 들어 5학년인데 나눗셈이 어렵다면 나눗셈만, 분수가 어렵다면 분수만 골라 훈련하세요. 방학 때나 학습 결손이 생겼을 때, 취약한 연산 구멍을 빠르게 메꿀 수 있어요!

바빠 연산 영역 :
덧셈, 뺄셈, 구구단, 시계와 시간, 길이와 시간 계산, 곱셈, 나눗셈, 약수와 배수, 분수, 소수, 자연수의 혼합 계산, 분수와 소수의 혼합 계산, 평면도형 계산, 입체도형 계산, 비와 비례, 방정식, 확률과 통계

바빠^{시리즈} 초등 학년별 추천 도서

학년	학기별 연산책 바빠 교과서 연산 학기 중, 선행용으로 추천!	나 혼자 푼다 바빠 수학 문장 학교 시험 서술형 완벽 대비!
1학년	·바빠 교과서 연산 1-1 ·바빠 교과서 연산 1-2	·나 혼자 푼다 바빠 수학 문장제 1-1 ·나 혼자 푼다 바빠 수학 문장제 1-2
2학년	·바빠 교과서 연산 2-1 ·바빠 교과서 연산 2-2	·나 혼자 푼다 바빠 수학 문장제 2-1 ·나 혼자 푼다 바빠 수학 문장제 2-2
3학년	·바빠 교과서 연산 3-1 ·바빠 교과서 연산 3-2	·나 혼자 푼다 바빠 수학 문장제 3-1 ·나 혼자 푼다 바빠 수학 문장제 3-2
4학년	·바빠 교과서 연산 4-1 ·바빠 교과서 연산 4-2	·나 혼자 푼다 바빠 수학 문장제 4-1 ·나 혼자 푼다 바빠 수학 문장제 4-2
5학년	·바빠 교과서 연산 5-1 ·바빠 교과서 연산 5-2	·나 혼자 푼다 바빠 수학 문장제 5-1 ·나 혼자 푼다 바빠 수학 문장제 5-2
6학년	·바빠 교과서 연산 6-1 ·바빠 교과서 연산 6-2	·나 혼자 푼다 바빠 수학 문장제 6-1 ·나 혼자 푼다 바빠 수학 문장제 6-2

'바빠 교과서 연산'과
'바빠 수학 문장제'를
함께 풀면
한 학기 수학 완성!

10 일에 완성하는 도형 계산 총정리

바쁜 친구들이 즐거워지는 빠른 학습법

바빠
연산법
시리즈

징검다리 교육연구소 지음

바쁜
초등학생을 위한
빠른 입체도형
계산

정답 및 풀이

개념부터
활용까지!

한 권으로
총정리!

- 각기둥과 각뿔
- 원기둥, 원뿔, 구
- 부피와 겉넓이

6학년 필독서!
5~6학년 교과 반영

이지스에듀

맨날 노는데
수학 잘하는 너!
도대체 비결이
뭐야?

① 정답을 확인한 후 틀린 문제는 ☆표를 쳐 놓으세요~.
② 그런 다음 연습장에 틀린 문제를 옮겨 적으세요.
③ 그리고 그 문제들만 한 번 더 풀어 보세요.

시간은 얼마 걸리지 않아요. 그러나 이때 실력이 확 붙는 거예요.
아는 문제를 여러 번 다시 푸는 건 시간 낭비예요.
내가 틀린 문제만 모아서 풀면 아무리 바쁘더라도
수학 실력을 키울 수 있어요!

비결은
간단해!

01단계 Ⓐ
15쪽

① 3, 2 / 10

② 7, 3, 2 / 20　　　③ 5, 5, 2 / 20

④ 2, 9, 2 / 22　　　⑤ 6, 6, 2 / 24

01단계 Ⓑ
16쪽

① 10, 12 / 120

② 7, 12 / 84　　　③ 9, 12 / 108

④ 12, 12 / 144　　　⑤ 8, 12 / 96

01단계 Ⓒ
17쪽

① 4, 4, 4 / 84

② 3, 6, 8 / 68　　　③ 84 cm

④ 72 cm　　　⑤ 76 cm

  풀이

③ (6+6+9)×4=21×4=84 (cm)

④ (6+7+5)×4=18×4=72 (cm)

⑤ (8+4+7)×4=19×4=76 (cm)

01단계 도전! 땅 짚고 헤엄치는 활용 문제
18쪽

① 144 cm　　② 144 cm　　③ 12 cm

 풀이

① (14+10+12)×4=36×4=144 (cm)

② 길이가 같은 철사를 구부려 만들었으므로 정육면체를 만드는 데 사용한 철사의 길이는 직육면체의 모든 모서리의 길이의 합과 같습니다.

③ 정육면체는 12개의 모서리의 길이가 모두 같으므로 한 모서리의 길이는 144÷12=12 (cm)입니다.

02단계 Ⓐ
20쪽

① 6, 6 / 36

② 60 cm^2　　　③ 45 cm^2

④ 64 cm^2　　　⑤ 70 cm^2

 풀이

② 10×6=60 (cm^2)

③ 5×9=45 (cm^2)

④ 8×8=64 (cm^2)

⑤ 10×7=70 (cm^2)

① 16 / 64   ② 25 / 100

③ 324 cm^2 ④ 144 cm^2

⑤ 196 cm^2 ⑥ 256 cm^2

 풀이

③ $81 \times 4 = 324$ (cm^2)

④ $36 \times 4 = 144$ (cm^2)

⑤ $49 \times 4 = 196$ (cm^2)

⑥ $64 \times 4 = 256$ (cm^2)

① 5, 10, 5, 12 / 220

② 280 cm^2 ③ 224 cm^2

④ 360 cm^2 ⑤ 384 cm^2

 풀이

② $8 \times 10 \times 2 + 6 \times 10 \times 2$
$= 160 + 120 = 280$ (cm^2)

③ $9 \times 7 \times 2 + 7 \times 7 \times 2$
$= 126 + 98 = 224$ (cm^2)

④ $10 \times 10 \times 2 + 10 \times 8 \times 2$
$= 200 + 160 = 360$ (cm^2)

⑤ $12 \times 10 \times 2 + 12 \times 6 \times 2$
$= 240 + 144 = 384$ (cm^2)

① 3쌍   ② 90°

③ 72 cm^2 ④ 100 cm^2

풀이

①

직육면체에서 서로 평행한 면은 모두 3쌍이 있습니다.

② 면 ㄱㄴㄷㄹ과 면 ㄷㅅㅇㄹ은 서로 수직이므로 90°로 만납니다.

③ 정육면체는 6개의 정사각형으로 이루어져 있으므로 한 모서리의 길이는 $24 \div 4 = 6$ (cm)입니다. 두 밑면의 넓이의 합은 $6 \times 6 \times 2 = 72$ (cm^2)입니다.

④ 한 모서리의 길이가 $20 \div 4 = 5$ (cm)이므로 정육면체의 한 밑면의 넓이는 $5 \times 5 = 25$ (cm^2)입니다. 밑면에 수직인 면은 밑면과 넓이가 같은 4개의 면으로 그 넓이의 합은 $25 \times 4 = 100$ (cm^2)입니다.

03

03단계 Ⓐ 　　　　　　　　　　　25쪽

① 30, 18, 28 / 76　　② 38, 25, 24 / 87

③ 77 cm　　　　　　④ 87 cm

⑤ 88 cm　　　　　　⑥ 80 cm

 풀이

> ③ 15+28+34=77 (cm)
>
> ④ 32+26+29=87 (cm)
>
> ⑤ 27+28+33=88 (cm)
>
> ⑥ 34+24+22=80 (cm)

03단계 Ⓑ 　　　　　　　　　　　26쪽

① 27, 25, 30 / 246

② 243 cm　　　　　　③ 195 cm

④ 210 cm　　　　　　⑤ 192 cm

 풀이

> ② (28+26+27)×3=81×3=243 (cm)
>
> ③ (15+15+35)×3=65×3=195 (cm)
>
> ④ (29+17+24)×3=70×3=210 (cm)
>
> ⑥ (32+15+17)×3=64×3=192 (cm)

03단계 Ⓒ 　　　　　　　　　　　27쪽

① 30 / 120　　　　　② 24 / 96

③ 108 cm　　　　　　④ 132 cm

⑤ 144 cm　　　　　　⑥ 168 cm

 풀이

> ③ 27×4=108 (cm)
>
> ④ 33×4=132 (cm)
>
> ⑤ 36×4=144 (cm)
>
> ⑥ 42×4=168 (cm)

03단계 Ⓓ 　　　　　　　　　　　28쪽

① 4, 5 / 18　　　　　② 8, 7 / 30

③ 20 cm　　　　　　④ 18 cm

⑤ 26 cm　　　　　　⑥ 26 cm

 풀이

> ③ (5+5)×2=20 (cm)
>
> ④ (3+6)×2=18 (cm)
>
> ⑤ (9+4)×2=26 (cm)
>
> ⑥ (6+7)×2=26 (cm)

03단계 도전! 땅 짚고 헤엄치는 활용 문제 　　　　29쪽

① 1.8 m 　　　② 1 m 　　　③ 2.8 m

 풀이

> ① (0.6+0.3)×2=1.8 (m)
>
> ② (0.2+0.3)×2=1 (m)
>
> ③ 1.8+1=2.8 (m)

04단계 Ⓐ 　　　　　　　　　31쪽

① 3, 14 / 42

② 28 cm 　　　　　　③ 35 cm

④ 49 cm 　　　　　　⑤ 56 cm

 풀이

> ② 2×14=28 (cm)
>
> ③ 2.5×14=35 (cm)
>
> ④ 3.5×14=49 (cm)
>
> ⑤ 4×14=56 (cm)

04단계 Ⓑ 　　　　　　　　　32쪽

① 9 / 54 　　　　　　② 6.25 / 37.5

③ 96 cm² 　　　　　　④ 73.5 cm²

⑤ 24 cm² 　　　　　　⑥ 54 cm²

 풀이

> ③ 두 변의 길이가 8 cm이므로 한 변의 길이는
>
> 　8÷2=4 (cm)입니다.
>
> 　➡ 4×4×6=96 (cm²)
> 　　<u>한 면의 넓이</u>
>
> ④ 두 변의 길이가 7 cm이므로 한 변의 길이는
>
> 　7÷2=3.5 (cm)입니다.
>
> 　➡ 3.5×3.5×6=73.5 (cm²)
> 　　<u>한 면의 넓이</u>
>
> ⑤ 세 변의 길이가 6 cm이므로 한 변의 길이는
>
> 　6÷3=2 (cm)입니다.
>
> 　➡ 2×2×6=24 (cm²)
> 　　<u>한 면의 넓이</u>
>
> ⑥ 세 변의 길이가 9 cm이므로 한 변의 길이는
>
> 　9÷3=3 (cm)입니다.
>
> 　➡ 3×3×6=54 (cm²)
> 　　<u>한 면의 넓이</u>

①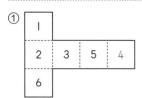

②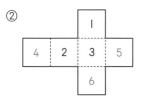

③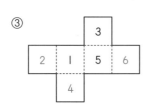

④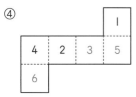

⑤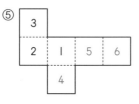

⑥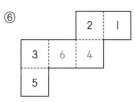

⑦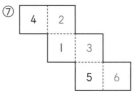

 풀이

⑥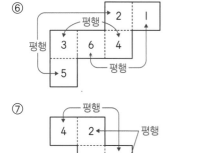

⑦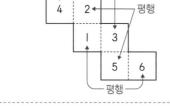

① 면 라

② 면 가, 면 다, 면 마, 면 바

③ 점 ㅅ

④ 선분 ㄹㄷ

 풀이

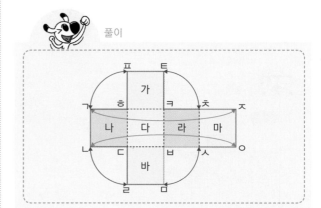

05단계 A   36쪽

① 8, 4, 2 / 70

② 8, 4, 2 / 80

③ 6, 6, 2 / 92

④ 6, 4, 4 / 100

① 3, 6, 9, 3, 9, 6 / 198

② 2, 8, 8 / 172

③ 190 cm²

④ 304 cm²

 풀이

③ 방법1

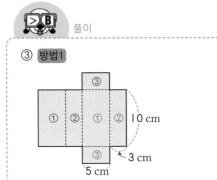

$(5 \times 10 + 3 \times 10 + 5 \times 3) \times 2 = 190$ (cm²)

①의 넓이   ②의 넓이   ③의 넓이

방법2

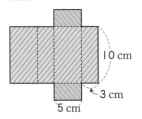

$(5 + 3 + 5 + 3) \times 10 + 5 \times 3 \times 2 = 190$ (cm²)

④

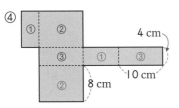

$(4 \times 8 + 10 \times 8 + 10 \times 4) \times 2 = 304$ (cm²)

①의 넓이   ②의 넓이   ③의 넓이

① 18

② 14   ③ 19

④ 8   ⑤ 16

① 5 cm   ② 40 cm   ③ 20 cm

 풀이

① 50 − 45 = 5 (cm)

② 45 − 5 = 40 (cm)

③

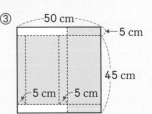

가로가 50 cm인 정사각형에서 가장 짧은 모서리의 길이가 5 cm이므로 남은 두 모서리의 길이의 합은 50 − 5 − 5 = 40 (cm)입니다. 두 모서리의 길이가 서로 같으므로 한 모서리의 길이는 40 ÷ 2 = 20 (cm)입니다.

06

06단계 Ⓐ
43쪽

① 2 / 24   ② 2, 2 / 24

③ 4, 3 / 48   ④ 4, 3 / 24

⑤ 4, 2, 5 / 40   ⑥ 3, 6, 3 / 54

06단계 Ⓑ
44쪽

① 48, 4, 3 / 4

② 45, 3, 3 / 5   ③ 40, 2, 4 / 5

④ 48, 4, 4 / 3   ⑤ 45, 5, 3 / 3

06단계 Ⓒ
45쪽

① 3, 3, 2 / 18   ② 4, 2, 2 / 16

③ 40개   ④ 24개

⑤ 45개   ⑥ 36개

 풀이

③ $4 \times 5 \times 2 = 40$(개)

④ $2 \times 3 \times 4 = 24$(개)

⑤ $3 \times 5 \times 3 = 45$(개)

⑥ $4 \times 3 \times 3 = 36$(개)

06단계 Ⓓ
46쪽

① =, < / 16, 16, 18

② =, < / 30, 30, 32

③ =, < / 24, 24, 27

풀이

① $\begin{array}{c} 2 \times 2 \times 4 \\ = 16(개) \end{array}$ = $\begin{array}{c} 4 \times 4 \\ = 16(개) \end{array}$ < $\begin{array}{c} 3 \times 3 \times 2 \\ = 18(개) \end{array}$

② $\begin{array}{c} 2 \times 3 \times 5 \\ = 30(개) \end{array}$ = $\begin{array}{c} 6 \times 5 \\ = 30(개) \end{array}$ < $\begin{array}{c} 4 \times 2 \times 4 \\ = 32(개) \end{array}$

③ $\begin{array}{c} 4 \times 2 \times 3 \\ = 24(개) \end{array}$ = $\begin{array}{c} 4 \times 3 \times 2 \\ = 24(개) \end{array}$ < $\begin{array}{c} 3 \times 3 \times 3 \\ = 27(개) \end{array}$

06단계 도전! 땅 짚고 헤엄치는 활용 문제
47쪽

① 216개   ② 36개   ③ 6층

풀이

① 쌓기나무를 가로, 세로 6개씩 6층으로 쌓았으므로 모두 $6 \times 6 \times 6 = 216$(개)입니다.

② $9 \times 4 = 36$(개)

③ 정육면체와 직육면체의 부피가 같으므로 사용한 쌓기나무의 수가 같습니다.
➡ $216 \div 36 = 6$(층)

07단계 Ⓐ 49쪽

①

가로 ⊗	세로 ⊗	높이 ⊜	부피
3 m	2 m	4 m ➡	24 m³
300 cm	200 cm	400 cm ➡	24000000 cm³

②

가로 ⊗	세로 ⊗	높이 ⊜	부피
2 m	2 m	6 m ➡	24 m³
200 cm	200 cm	600 cm ➡	24000000 cm³

③

가로 ⊗	세로 ⊗	높이 ⊜	부피
6 m	2 m	3 m ➡	36 m³
600 cm	200 cm	300 cm ➡	36000000 cm³

풀이

① 1×1×1=1 (m³)

② 2×2×2=8 (m³)

③ 1.1×1.1×1.1=1.331 (m³)

④ 0.7×0.7×0.7=0.343 (m³)

⑤ 100 cm=1 m
➡ 1×1×1=1 (m³)

⑥ 300 cm=3 m
➡ 3×3×3=27 (m³)

07단계 Ⓒ 51쪽

① 40 m³

② 54 m³   ③ 112 m³

④ 120 m³   ⑤ 135 m³

 풀이

① 100 cm=1 m
➡ 5×8×1=40 (m³)

② 900 cm=9 m
➡ 1×6×9=54 (m³)

③ 700 cm=7 m
➡ 8×7×2=112 (m³)

④ 600 cm=6 m, 500 cm=5 m
➡ 6×5×4=120 (m³)

⑤ 900 cm=9 m, 500 cm=5 m
➡ 3×9×5=135 (m³)

07단계 Ⓑ 50쪽

① 1 m³   ② 8 m³

③ 1.331 m³   ④ 0.343 m³

⑤ 1 m³   ⑥ 27 m³

07단계 ⒟　　　　　　　　　　52쪽

① 6　　　　　　② 6
③ 4　　　　　　④ 5
⑤ 10　　　　　⑥ 7

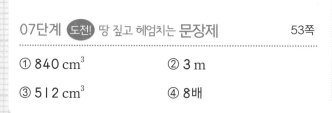 풀이

② $108=3\times\boxed{}\times6$
　➡ $\boxed{}=108\div18=6$
③ $360=10\times9\times\boxed{}$
　➡ $\boxed{}=360\div90=4$
④ $280=7\times8\times\boxed{}$
　➡ $\boxed{}=280\div56=5$
⑤ $880=\boxed{}\times11\times8$
　➡ $\boxed{}=880\div88=10$
⑥ $343=\boxed{}\times7\times7$
　➡ $\boxed{}=343\div49=7$

07단계 도전! 땅 짚고 헤엄치는 문장제　　53쪽

① 840 cm³　　　　② 3 m
③ 512 cm³　　　　④ 8배

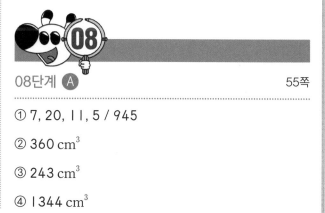 풀이

① $15\times8\times7=840$ (cm³)
② (부피)=(가로)×(세로)×(높이)
　$9=2\times1.5\times$(높이)
　(높이)=$9\div3=3$ (m)
③ 정육면체는 길이가 같은 모서리가 모두 12개이므로 한 모서리의 길이는 $96\div12=8$ (cm)입니다.
　➡ $8\times8\times8=512$ (cm³)
④ 한 모서리의 길이가 2 m인 정육면체의 부피:
　$2\times2\times2=8$ (m³)
　한 모서리의 길이가 1 m인 정육면체의 부피:
　$1\times1\times1=1$ (m³)
　➡ 부피는 8배입니다.

08단계 ⒜　　　　　　　　　　55쪽

① 7, 20, 11, 5 / 945
② 360 cm³
③ 243 cm³
④ 1344 cm³

풀이

② 예
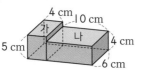

$$\underset{\text{가의 부피}}{\underline{4\times6\times5}}+\underset{\text{나의 부피}}{\underline{10\times6\times4}}=360 \ (\text{cm}^3)$$

③ 예
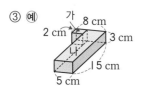

$$\underset{\text{가의 부피}}{\underline{3\times2\times3}}+\underset{\text{나의 부피}}{\underline{5\times15\times3}}=243 \ (\text{cm}^3)$$

④ 예
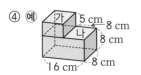

$$\underset{\text{가의 부피}}{\underline{8\times8\times5}}+\underset{\text{나의 부피}}{\underline{16\times8\times8}}=1344 \ (\text{cm}^3)$$

08단계 B   56쪽

① 15, 20, 5, 20 / 4000

② 1800, 945 / 855

③ 12, 2, 3, 2 / 168

④ 300, 54 / 246

 08단계 도전! 땅 짚고 헤엄치는 **활용 문제**   57쪽

① 3600 cm³   ② 3000 cm³

③ 600 cm³   ④ 600 cm³

 풀이

① (수조 전체의 부피)=15×10×24=3600 (cm³)

② (수조에 들어 있는 물의 부피)
   =15×10×20=3000 (cm³)

③ (돌을 뺀 후 줄어든 부피)
   =(수조 전체의 부피)−(수조에 들어 있는 물의 부피)
   =3600−3000=600 (cm³)

④ (돌의 부피)=(돌을 뺀 후 줄어든 부피)
   =600 cm³

09단계 A   59쪽

①	위	앞	옆
	8 개	4 개	8 개

②	위	앞	옆
	6 개	9 개	6 개

③	위	앞	옆
	12 개	6 개	8 개

09단계 Ⓑ 60쪽

① / 6

② 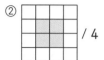 / 4

③ / 9

09단계 도전! 땅 짚고 헤엄치는 활용 문제 62쪽

① 3층

②

앞	옆
I 2 개	I 2 개

③ 80개

풀이

① 48개의 쌓기나무를 사용했고, 위에서 본 모양을
보면 한 층에 가로 4개, 세로 4개의 쌓기나무를 쌓
았습니다.
➡ 48÷16=3(층)

② 앞과 옆에서 본 모양은 가로가 4칸, 세로가 3칸인
직사각형입니다.

③ (16+12+12)×2=80(개)
　　위　앞　옆

09단계 Ⓒ 61쪽

①
위(개)	⊕	앞(개)	⊕	옆(개)	×2=	전체(개)
I5		I0		6	➡	62

②
위(개)	⊕	앞(개)	⊕	옆(개)	×2=	전체(개)
I2		I2		9	➡	66

③
위(개)	⊕	앞(개)	⊕	옆(개)	×2=	전체(개)
I2		I8		6	➡	72

④
위(개)	⊕	앞(개)	⊕	옆(개)	×2=	전체(개)
I5		I2		20	➡	94

10단계 Ⓐ 64쪽

① 8, 8 / 384　　② I0, I0 / 600

③ 726 cm^2　　④ 294 cm^2

⑤ 486 cm^2　　⑥ 864 cm^2

x

풀이

③ 11×11×6=726 (cm²)

④ 7×7×6=294 (cm²)

⑤ 9×9×6=486 (cm²)

⑥ 12×12×6=864 (cm²)

10단계 Ⓑ

65쪽

① 150 cm²

② 236 cm²　　　③ 502 cm²

④ 378 cm²　　　⑤ 388 cm²

 풀이

② (8×5+8×6+5×6)×2=236 (cm²)

③ (13×8+13×7+8×7)×2=502 (cm²)

④ (7×7+7×10+7×10)×2=378 (cm²)

⑤ (4×11+4×10+11×10)×2=388 (cm²)

10단계 Ⓒ

66쪽

①
두 밑면(cm²)	⊕	옆면(cm²)	⊜	겉넓이(cm²)
예 54		예 168	➡	222

②
두 밑면(cm²)	⊕	옆면(cm²)	⊜	겉넓이(cm²)
예 32		예 100	➡	132

③
두 밑면(cm²)	⊕	옆면(cm²)	⊜	겉넓이(cm²)
예 32		예 160	➡	192

④
두 밑면(cm²)	⊕	옆면(cm²)	⊜	겉넓이(cm²)
예 50		예 180	➡	230

 풀이

①~④ 옆면을 하나의 큰 직사각형으로 생각해
두 밑면과 옆면의 넓이의 합을 구했습니다.

10단계 도전! 땅 짚고 헤엄치는 활용 문제

67쪽

① 126 cm²　　　② 32 cm　　　③ 5 cm

 풀이

① (두 밑면의 넓이)=(한 밑면의 넓이)×2
　　　　　　　　=9×7×2=126 (cm²)

② 옆면 4개를 하나의 큰 직사각형으로 볼 때 가로는
(9+7)×2=32 (cm)입니다.

③ 직육면체의 겉넓이는 두 밑면의 넓이와 옆면의 넓
이의 합이므로
(옆면의 넓이의 합)=286-126=160 (cm²)입
니다.
(옆면의 넓이의 합)=32×(높이)
➡ (높이)=160÷32=5 (cm)

11단계 Ⓐ

71쪽

① 삼각기둥

꼭짓점의 수(개)	6
면의 수(개)	5
모서리의 수(개)	9

② 사각기둥

꼭짓점의 수(개)	8
면의 수(개)	6
모서리의 수(개)	12

③ 사각기둥

꼭짓점의 수(개)	8
면의 수(개)	6
모서리의 수(개)	12

④ 육각기둥

꼭짓점의 수(개)	12
면의 수(개)	8
모서리의 수(개)	18

⑤ 오각기둥

꼭짓점의 수(개)	10
면의 수(개)	7
모서리의 수(개)	15

⑥ 칠각기둥

꼭짓점의 수(개)	14
면의 수(개)	9
모서리의 수(개)	21

11단계 Ⓑ

72쪽

① **사** 각기둥

꼭짓점의 수(개)	8
면의 수(개)	6
모서리의 수(개)	12

② **삼** 각기둥

꼭짓점의 수(개)	6
면의 수(개)	5
모서리의 수(개)	9

③ **팔** 각기둥

꼭짓점의 수(개)	16
면의 수(개)	10
모서리의 수(개)	24

④ **오** 각기둥

꼭짓점의 수(개)	10
면의 수(개)	7
모서리의 수(개)	15

⑤ **육** 각기둥

꼭짓점의 수(개)	12
면의 수(개)	8
모서리의 수(개)	18

⑥ **칠** 각기둥

꼭짓점의 수(개)	14
면의 수(개)	9
모서리의 수(개)	21

 풀이

① 면이 6개인 각기둥은 6−2=4이므로 사각기둥입니다.
   ➡ (꼭짓점의 수)=4×2=8(개)
   ➡ (모서리의 수)=4×3=12(개)

② 꼭짓점이 6개인 각기둥은 6÷2=3이므로 삼각기둥입니다.
   ➡ (면의 수)=3+2=5(개)
   ➡ (모서리의 수)=3×3=9(개)

③ 꼭짓점이 16개인 각기둥은 16÷2=8이므로 팔각기둥입니다.
   ➡ (면의 수)=8+2=10(개)
   ➡ (모서리의 수)=8×3=24(개)

④ 모서리가 15개인 각기둥은 15÷3=5이므로 오각기둥입니다.
   ➡ (꼭짓점의 수)=5×2=10(개)
   ➡ (면의 수)=5+2=7(개)

⑤ 면이 8개인 각기둥은 8−2=6이므로 육각기둥입니다.
   ➡ (꼭짓점의 수)=6×2=12(개)
   ➡ (모서리의 수)=6×3=18(개)

⑥ 모서리가 21개인 각기둥은 21÷3=7이므로 칠각기둥입니다.
   ➡ (꼭짓점의 수)=7×2=14(개)
   ➡ (면의 수)=7+2=9(개)

11단계 ⓒ 73쪽

① 6, 3 / 63   ② 10, 5 / 80

③ 91 cm   ④ 78 cm

⑤ 51 cm   ⑥ 96 cm

풀이

③ $2.5 \times 14 + 8 \times 7 = 91$ (cm)

④ $3 \times 12 + 7 \times 6 = 78$ (cm)

⑤ $5 \times 6 + 7 \times 3 = 51$ (cm)

⑥ $3.5 \times 12 + 9 \times 6 = 96$ (cm)

11단계 도전! 땅 짚고 헤엄치는 문장제 74쪽

① 16개, 24개   ② 6개

③ 4 cm   ④ 5 cm

 풀이

① ●각기둥의 면은 (●+2)개이므로 면이 10개인 각기둥은 팔각기둥입니다.
팔각기둥의 꼭짓점은 $8 \times 2 = 16$(개)이고, 모서리는 $8 \times 3 = 24$(개)입니다.

② ●각기둥의 꼭짓점은 (●×2)개이므로 각기둥 가는 사각기둥이고, ●각기둥의 면은 (●+2)개이므로 각기둥 나는 육각기둥입니다.
각기둥 가의 모서리는 $4 \times 3 = 12$(개)이고 각기둥 나의 모서리는 $6 \times 3 = 18$(개)입니다.
➡ (두 각기둥 가와 나의 모서리의 수의 차)
   $= 18 - 12 = 6$(개)

③ 육각기둥의 모서리는 $6 \times 3 = 18$(개)입니다.
모든 모서리의 길이가 같으므로 한 모서리의 길이는 $72 \div 18 = 4$ (cm)입니다.

④ 밑면의 모서리의 길이의 합은 $3 \times 3 = 9$ (cm)입니다. 삼각기둥의 높이를 ☐ cm라 하고 모든 모서리의 길이의 합을 구하면 $3 \times 6 + ☐ \times 3 = 33$, $18 + ☐ \times 3 = 33$, $☐ \times 3 = 15$, $☐ = 5$입니다.

12단계 Ⓐ 76쪽

① 18, 5 / 46

② 36 cm   ③ 34 cm

④ 42 cm   ⑤ 44 cm

풀이

② $(3+4+4+7)\times2=18\times2=36$ (cm)

③ $(4+3+5+5)\times2=17\times2=34$ (cm)

④ $\underset{\text{가로}}{\underline{(4+4+5+2+6)}}\times2=21\times2=42$ (cm)
　　　　　　　세로

⑤ $\underset{\text{가로}}{\underline{(6+6+2+5+3)}}\times2=22\times2=44$ (cm)
　　　　　　　세로

12단계 Ⓒ

① 8, 2 / 48

② 12, 2 / 58

③ 16, 2 / 44

12단계 도전! 땅 짚고 헤엄치는 활용 문제

① 6개　　　　② 4개　　　　③ 5 cm

 풀이

① 옆면은 직사각형이고, 각기둥의 높이는 10 cm입니다.
　높이와 길이가 같은 선분은 모두 6개입니다.

② 밑면은 삼각형이고, 밑면의 한 변과 길이가 같은 선분은 모두 4개입니다.

③ 밑면의 한 변의 길이를 ☐ cm라 하면
　$10\times6+\boxed{}\times4=80$, $60+\boxed{}\times4=80$,
　$\boxed{}\times4=20$, $\boxed{}=5$입니다.

12단계 Ⓑ

① | 밑면의 모양 | 삼각형 |
|---|---|
| 한 밑면의 둘레(cm) | 12 |

② | 밑면의 모양 | 사각형 |
|---|---|
| 한 밑면의 둘레(cm) | 14 |

③ | 밑면의 모양 | 오각형 |
|---|---|
| 한 밑면의 둘레(cm) | 21 |

④ | 밑면의 모양 | 육각형 |
|---|---|
| 한 밑면의 둘레(cm) | 18 |

⑤ | 밑면의 모양 | 칠각형 |
|---|---|
| 한 밑면의 둘레(cm) | 21 |

풀이

① 옆면이 3개이므로 밑면은 삼각형입니다.
➡ (한 밑면의 둘레)$=4\times3=12$ (cm)

② 옆면이 4개이므로 밑면은 사각형입니다.
➡ (한 밑면의 둘레)$=4+3+4+3=14$ (cm)

③ 옆면이 5개이므로 밑면은 오각형입니다.
➡ (한 밑면의 둘레)$=3+3+5+5+5$
$\quad=21$ (cm)

④ 옆면이 6개이므로 밑면은 육각형입니다.
➡ (한 밑면의 둘레)$=2+2+5+2+2+5$
$\quad=18$ (cm)

⑤ 옆면이 7개이므로 밑면은 칠각형입니다.
➡ (한 밑면의 둘레)$=3\times7=21$ (cm)

13단계 Ⓐ

① 6, 3, 8 / 144

② 8, 6, 5 / 120

③ 20, 12 / 240

④ 2, 6, 6, 4 / 96

정답 및 풀이　15

13단계 **B**

82쪽

① 252, 6 / 42

② 325, 5 / 65

③ 175, 7 / 25

④ 207, 9 / 23

13단계 도전! 땅 짚고 헤엄치는 문장제

83쪽

① 270 cm³	② 54 cm³
③ 25 cm²	④ 6 cm

풀이

① 각기둥의 부피는 밑면의 넓이와 높이의 곱입니다.
➡ (오각기둥의 부피)=45×6=270 (cm³)

② 밑변의 길이가 3 cm이고 높이가 6 cm인 삼각형
의 넓이는 3×6÷2=9 (cm²)입니다.
➡ (삼각기둥의 부피)=9×6=54 (cm³)

③ (각기둥의 부피)=(밑면의 넓이)×(높이)
➡ (밑면의 넓이)=(각기둥의 부피)÷(높이)
        =425÷17=25 (cm²)

④ (밑면의 넓이)=540÷15=36 (cm²)
    6×6=36이므로 각기둥의 밑면의 한 변의 길이
    는 6 cm입니다.

14단계 **A**

85쪽

① 6, 6, 6, 6 / 144

② 8, 6, 5 / 168

③ 7, 4, 20 / 244

④ 16, 18, 6 / 140

14단계 **B**

86쪽

① 5, 3 / 70

② 6, 5, 5 / 110

③ 6, 7, 5 / 90

④ 6, 9, 6 / 76

14단계 도전! 땅 짚고 헤엄치는 문장제

87쪽

① 110 cm²	② 172 cm²
③ 264 cm²	④ 280 cm²

풀이

① (각기둥의 겉넓이)
　＝(두 밑면의 넓이)＋(옆면의 넓이)
　＝50＋60＝110 (cm²)

② (각기둥의 겉넓이)
　＝(밑면의 넓이)×2＋(옆면의 넓이)
　＝46×2＋80＝172 (cm²)

③ 정사각형을 밑면으로 하는 각기둥의 옆면은 4개이고, 정사각형의 넓이가 36 cm²일 때, 한 변의 길이는 6 cm입니다.
　➡ (각기둥의 겉넓이)＝36×2＋6×8×4
　　　　　　　　　　＝72＋192＝264 (cm²)

④ 둘레가 25 cm인 오각형을 밑면으로 하는 오각기둥의 전개도에서 옆면의 넓이는 25×8＝200 (cm²)입니다.
　➡ (오각기둥의 겉넓이)＝40×2＋200
　　　　　　　　　　＝280 (cm²)

15

15단계 Ⓐ
89쪽

① 삼각뿔
꼭짓점의 수(개)	4
면의 수(개)	4
모서리의 수(개)	6

② 사각뿔
꼭짓점의 수(개)	5
면의 수(개)	5
모서리의 수(개)	8

③ 오각뿔
꼭짓점의 수(개)	6
면의 수(개)	6
모서리의 수(개)	10

④ 육각뿔
꼭짓점의 수(개)	7
면의 수(개)	7
모서리의 수(개)	12

⑤ 칠각뿔
꼭짓점의 수(개)	8
면의 수(개)	8
모서리의 수(개)	14

⑥ 팔각뿔
꼭짓점의 수(개)	9
면의 수(개)	9
모서리의 수(개)	16

15단계 Ⓑ
90쪽

①
이름	꼭짓점의 수(개)	면의 수(개)	모서리의 수(개)
육각뿔	7	7	12

②
이름	꼭짓점의 수(개)	면의 수(개)	모서리의 수(개)
칠각뿔	8	8	14

③
이름	꼭짓점의 수(개)	면의 수(개)	모서리의 수(개)
오각뿔	6	6	10

④
이름	꼭짓점의 수(개)	면의 수(개)	모서리의 수(개)
팔각뿔	9	9	16

15단계 Ⓒ
91쪽

① 사 각뿔
꼭짓점의 수(개)	5
면의 수(개)	5
모서리의 수(개)	8

② 삼 각뿔
꼭짓점의 수(개)	4
면의 수(개)	4
모서리의 수(개)	6

③ 팔 각뿔
꼭짓점의 수(개)	9
면의 수(개)	9
모서리의 수(개)	16

④ 오 각뿔
꼭짓점의 수(개)	6
면의 수(개)	6
모서리의 수(개)	10

⑤ 육 각뿔
꼭짓점의 수(개)	7
면의 수(개)	7
모서리의 수(개)	12

⑥ 칠 각뿔
꼭짓점의 수(개)	8
면의 수(개)	8
모서리의 수(개)	14

풀이

① 면이 5개인 각뿔은 5−1=4이므로 사각뿔입니다.
　➡ (꼭짓점의 수)=4+1=5(개)
　➡ (모서리의 수)=4×2=8(개)

② 꼭짓점이 4개인 각뿔은 4−1=3이므로 삼각뿔입니다.
　➡ (면의 수)=3+1=4(개)
　➡ (모서리의 수)=3×2=6(개)

③ 꼭짓점이 9개인 각뿔은 9−1=8이므로 팔각뿔입니다.
　➡ (면의 수)=8+1=9(개)
　➡ (모서리의 수)=8×2=16(개)

④ 모서리가 10개인 각뿔은 10÷2=5이므로 오각뿔입니다.
　➡ (꼭짓점의 수)=5+1=6(개)
　➡ (면의 수)=5+1=6(개)

⑤ 면이 7개인 각뿔은 7−1=6이므로 육각뿔입니다.
　➡ (꼭짓점의 수)=6+1=7(개)
　➡ (모서리의 수)=6×2=12(개)

⑥ 모서리가 14개인 각뿔은 14÷2=7이므로 칠각뿔입니다.
　➡ (꼭짓점의 수)=7+1=8(개)
　➡ (면의 수)=7+1=8(개)

 풀이

① ●각뿔의 면은 (●+1)개이므로 면이 11개인 각기둥은 십각뿔입니다.
　십각뿔의 꼭짓점은 10+1=11(개)이고,
　모서리는 10×2=20(개)입니다.

② 사각기둥의 모서리는 4×3=12(개)이고,
　●각뿔의 모서리는 (●×2)개이므로
　모서리가 12개인 각뿔은 육각뿔입니다.
　➡ (육각뿔의 꼭짓점의 수)=6+1=7(개)

③ 오각뿔의 모서리는 5×2=10(개)입니다.
　➡ 4×10=40 (cm)입니다.

④ ●각뿔의 꼭짓점은 (●+1)개이고,
　모서리는 (●×2)개입니다.
　➡ ●+●+●+1=25, ●=8이므로 팔각뿔입니다.

16단계 Ⓐ　　　　　　　　　　　94쪽

① 4, 4 / 48

② 4, 6 / 54

③ 8, 4 / 40

15단계 도전! 땅 짚고 헤엄치는 **문장제**　　92쪽

① 11개, 20개　　　② 7개

③ 40 cm　　　　　④ 팔각뿔

16단계 Ⓑ

95쪽

① 4, 8, 3 / 48

② 36 cm²

③ 35 cm²

④ 30 cm²

⑤ 42 cm²

 풀이

② $(3 \times 6 \div 2) \times 4 = 36 \ (cm^2)$

③ $(2 \times 7 \div 2) \times 5 = 35 \ (cm^2)$

④ $(2 \times 5 \div 2) \times 6 = 30 \ (cm^2)$

⑤ $(2 \times 6 \div 2) \times 7 = 42 \ (cm^2)$

16단계 도전! 땅 짚고 헤엄치는 활용 문제

96쪽

① 육각뿔   ② 5 cm   ③ 88 cm

 풀이

① 밑면이 정육각형, 옆면이 모두 합동인 이등변삼각형 으로 전개도를 접으면 육각뿔이 됩니다.

② 밑면의 한 변의 길이를 ☐ cm라고 하면 $12+12+☐+☐=34$, ☐$=5$입니다.

③ 전개도의 둘레는 길이가 5 cm인 변이 8개, 길이가 12 cm인 변이 4개로 $5 \times 8 + 12 \times 4 = 40 + 48 = 88 \ (cm)$입니다.

17단계 Ⓐ

99쪽

①

	모양	둘레(cm)
위	원	48
앞	직사각형	62

②

	모양	둘레(cm)
위	원	78
앞	직사각형	64

③

	모양	둘레(cm)
위	원	30
앞	이등변삼각형	36

④

	모양	둘레(cm)
위	원	66
앞	원	66

 풀이

① 위에서 본 모양: 원
   ➡ (원의 둘레)$=8 \times 2 \times 3 = 48 \ (cm)$
   앞에서 본 모양: 직사각형
   ➡ (직사각형의 둘레)$=(8 \times 2 + 15) \times 2$
                    $= 62 \ (cm)$

② 위에서 본 모양: 원
   ➡ (원의 둘레)$=13 \times 2 \times 3 = 78 \ (cm)$
   앞에서 본 모양: 직사각형
   ➡ (직사각형의 둘레)$=(13 \times 2 + 6) \times 2$
                    $= 64 \ (cm)$

③ 위에서 본 모양: 원
   ➡ (원의 둘레)$=5 \times 2 \times 3 = 30 \ (cm)$
   앞에서 본 모양: 이등변삼각형
   ➡ (이등변삼각형의 둘레)$=(13 + 5) \times 2$
                      $= 36 \ (cm)$

④ 구는 위에서 본 모양과 앞에서 본 모양이 원으로 모두 같습니다.
   ➡ (위에서 본 모양의 둘레)
     $=$(앞에서 본 모양의 둘레)
     $=11 \times 2 \times 3 = 66 \ (cm)$

①

	모양	넓이(cm²)
위	원	48
앞	직사각형	80

②

	모양	넓이(cm²)
위	원	27
앞	이등변삼각형	12

③

	모양	넓이(cm²)
위	원	192
앞	이등변삼각형	48

④

	모양	넓이(cm²)
위	원	300
앞	원	300

 풀이

① 위에서 본 모양: 원
　➡ (원의 넓이)=4×4×3=48 (cm²)
　앞에서 본 모양: 직사각형
　➡ (직사각형의 넓이)=4×2×10=80 (cm²)

② 위에서 본 모양: 원
　➡ (원의 넓이)=3×3×3=27 (cm²)
　앞에서 본 모양: 이등변삼각형
　➡ (이등변삼각형의 넓이)
　　=3×2×4÷2=12 (cm²)

③ 위에서 본 모양: 원
　➡ (원의 넓이)=8×8×3=192 (cm²)
　앞에서 본 모양: 이등변삼각형
　➡ (이등변삼각형의 넓이)
　　=8×2×6÷2=48 (cm²)

④ 구는 위에서 본 모양과 앞에서 본 모양이 원으로
　모두 같습니다.
　➡ (위에서 본 모양의 넓이)
　　=(앞에서 본 모양의 넓이)
　　=10×10×3=300 (cm²)

① 6 cm　　　　　　② 144 cm²

③ 48 cm²　　　　　④ 108 cm²

 풀이

① 원기둥을 위에서 본 모양은 원이고, 원의 넓이를 원
　주율로 나누면 반지름과 반지름의 곱입니다.
　➡ (반지름)×(반지름)=108÷3=36 (cm²),
　　(반지름)=6 cm

② 원기둥을 앞에서 본 모양은 직사각형입니다.
　원기둥의 밑면의 반지름이 6 cm이므로 직사각형
　의 가로는 6×2=12 (cm)입니다.
　➡ (직사각형의 넓이)=12×12=144 (cm²)

③ 원뿔을 앞에서 본 모양은 이등변삼각형입니다.
　➡ (이등변삼각형의 넓이)=12×8÷2
　　　　　　　　　　　　=48 (cm²)

④ 구를 앞에서 본 모양은 구를 위에서 본 모양과 크기
　가 같으므로 넓이가 같습니다.
　➡ (앞에서 본 모양의 넓이)
　　=(위에서 본 모양의 넓이)
　　=6×6×3
　　=108 (cm²)

18단계 Ⓐ
103쪽

①
회전체 이름	원뿔
밑면의 지름(cm)	10
높이(cm)	3

②
회전체 이름	원뿔
밑면의 지름(cm)	6
높이(cm)	8

③
회전체 이름	원기둥
밑면의 지름(cm)	6
높이(cm)	7

④
회전체 이름	구
구의 지름(cm)	9

18단계 Ⓑ
104쪽

① $108 \, cm^2$

② $44 \, cm^2$ ③ $40 \, cm^2$

④ $80 \, cm^2$ ⑤ $56 \, cm^2$

 풀이

① 회전축을 포함하여 자른 단면의 모양: 원
→ (원의 넓이)$=6\times6\times3=108 \, (cm^2)$

② 회전축을 포함하여 자른 단면의 모양: 이등변삼각형
→ (이등변삼각형의 넓이)$=4\times2\times11\div2$
　　　　　　　　　밑변의 길이
　　$=44 \, (cm^2)$

③ 회전축을 포함하여 자른 단면의 모양: 이등변삼각형
→ (이등변삼각형의 넓이)$=5\times2\times8\div2$
　　　　　　　　　밑변의 길이
　　$=40 \, (cm^2)$

④ 회전축을 포함하여 자른 단면의 모양: 직사각형
→ (직사각형의 넓이)$=5\times2\times8=80 \, (cm^2)$
　　　　　　　　가로

⑤ 회전축을 포함하여 자른 단면의 모양: 직사각형
→ (직사각형의 넓이)$=4\times7\times2=56 \, (cm^2)$
　　　　　　　　　세로

18단계 Ⓒ
105쪽

① 3, 8 / 24

② $30 \, cm^2$ ③ $60 \, cm^2$

④ $42 \, cm^2$ ⑤ $75 \, cm^2$

 풀이

앞에서 본 모양의 넓이는 회전체를 돌리기 전 모양의 넓이의 2배입니다.

② $6\times5\div2\times2=30 \, (cm^2)$

③ $6\times5\times2=60 \, (cm^2)$

④ $3\times7\times2=42 \, (cm^2)$

⑤ $5\times5\times3\div2\times2=75 \, (cm^2)$

18단계 도전! 땅 짚고 헤엄치는 문장제

① 원기둥   ② 구

③ 7 cm   ④ 27 cm²

 풀이

③ 회전축을 포함하여 자른 단면의 모양은 원입니다.
 (원의 넓이)=(반지름)×(반지름)×(원주율)
 ➡ (반지름)×(반지름)=147÷3=49 (cm²),
   (반지름)=7 cm

④ (직사각형의 넓이)=(가로)×(세로)
 ➡ (가로)=48÷8=6 (cm)
 회전축을 포함하여 자른 단면이 직사각형인 입체
 도형은 원기둥이고 밑면의 지름은 직사각형의 가
 로와 같으므로 한 밑면의 넓이는
 3×3×3=27 (cm²)입니다.

19단계 Ⓐ

① 37.2   ② 49.6

③ 31   ④ 24.8

⑤ 43.4   ⑥ 55.8

 풀이

① 6×2×3.1=37.2 (cm)

② 8×2×3.1=49.6 (cm)

③ 5×2×3.1=31 (cm)

④ 4×2×3.1=24.8 (cm)

⑤ 7×2×3.1=43.4 (cm)

⑥ 9×2×3.1=55.8 (cm)

 19단계 Ⓑ

① 4   ② 5

③ 6   ④ 7

⑤ 9   ⑥ 3

 풀이

① 24÷3÷2=4 (cm)

② 30÷3÷2=5 (cm)

③ 36÷3÷2=6 (cm)

④ 42÷3÷2=7 (cm)

⑤ 54÷3÷2=9 (cm)

⑥ 18÷3÷2=3 (cm)

19단계 Ⓒ

① 24, 10 / 116

② 92 cm   ③ 138 cm

④ 96 cm   ⑤ 168 cm

 풀이

② (밑면의 둘레)=6×3=18 (cm)
 ➡ 18×4+10×2=92 (cm)

③ (밑면의 둘레)=10×3=30 (cm)
 ➡ 30×4+9×2=138 (cm)

④ (밑면의 둘레)=7×3=21 (cm)
 ➡ 21×4+6×2=96 (cm)

⑤ (밑면의 둘레)=12×3=36 (cm)
 ➡ 36×4+12×2=168 (cm)

22   바빠 입체도형 계산

19단계 도젠! 땅 짚고 헤엄치는 문장제　111쪽

① 75 cm　　② 10 cm

③ 198 cm　　④ 21 cm

 풀이

① (옆면의 가로)=(밑면의 둘레)
　　　=25×3=75 (cm)

② (지름)=(옆면의 가로)÷(원주율)
　지름은 62÷3.1=20 (cm)이므로
　반지름은 20÷2=10 (cm)입니다.

③ 밑면의 둘레는 15×3=45 (cm)이고 원기둥의 전개도에서 옆면의 세로는 원기둥의 높이와 같습니다.
➡ (원기둥의 전개도의 둘레)
　=(밑면의 둘레)×4+(옆면의 세로)×2
　=45×4+9×2=198 (cm)

④ 밑면의 지름을 ☐ cm라고 하면
　☐×3=63, ☐=21입니다.
　원기둥의 높이와 밑면의 지름이 같으므로 원기둥의 높이는 21 cm입니다.

20단계 A　113쪽

① 30　　② 24

③ 48　　④ 36

⑤ 9　　⑥ 7

 풀이

② (옆면의 호의 길이)=(밑면의 둘레)
　　　=4×2×3=24 (cm)

③ 8×2×3=48 (cm)

④ 6×2×3=36 (cm)

⑥ 42÷3÷2=7 (cm)

20단계 B　114쪽

① 5, 8 / 46

② 6, 5 / 46

③ 10, 10 / 80

20단계 도젠! 땅 짚고 헤엄치는 활용 문제　115쪽

① 72 cm　　② 24 cm　　③ 8 cm

 풀이

① (원의 둘레)=12×2×3=72 (cm)

② 원뿔의 옆면은 반지름이 12 cm인 원을 삼등분한 것이므로 옆면의 호의 길이는 반지름이 12 cm인 원의 둘레의 $\frac{1}{3}$입니다.
➡ (옆면의 호의 길이)=72÷3=24 (cm)

③ 원뿔의 전개도에서 밑면의 둘레는 옆면의 호의 길이와 같습니다.
➡ (밑면의 지름)=(밑면의 둘레)÷3
　　　=24÷3=8 (cm)

1-2 단계 ─ 1~2 학년

3-4 단계 ─ 3~4 학년

5-6 단계 ─ 5~6 학년

비문학 지문도 재미있게 읽을 수 있어요!
바빠 독해 1~6단계

각 권 9,800원

• 초등학생이 직접 고른 재미있는 이야기들!

- 연구소의 어린이가 읽고 싶어 한 흥미로운 이야기만 골라 담았어요.
- 1단계 | 이솝우화, 과학 상식, 전래동화, 사회 상식
- 2단계 | 이솝우화, 과학 상식, 전래동화, 사회 상식
- 3단계 | 탈무드, 교과 과학, 생활문, 교과 사회
- 4단계 | 속담 동화, 교과 과학, 생활문, 교과 사회
- 5단계 | 고사성어, 교과 과학, 생활문, 교과 사회
- 6단계 | 고사성어, 교과 과학, 생활문, 교과 사회

• 읽다 보면 나도 모르게 교과 지식이 쑥쑥!

- 다채로운 주제를 읽다 보면 초등 교과 지식이 쌓이도록 설계!
- 초등 교과서(국어, 사회, 과학)와 100% 밀착 연계돼 학교 공부에 도 직접 도움이 돼요.

• 분당 영재사랑 연구소 지도 비법 대공개!

- 종합력, 이해력, 추론 능력, 분석력, 사고력, 문법까지 한 번에 OK!
- 초등학생 눈높이에 맞춘 수능형 문항을 담았어요!

• 초등학교 방과 후 교재로 인기!

- 아이들의 눈을 번쩍 뜨게 할 만한 호기심 넘치는 재미있고 유익한 교재!
(남상 초등학교 방과 후 교사, 동화작가 강민숙 선생님 추천)

16년간 어린이들을 밀착 지도한 호사라 박사의 독해력 처방전!

영재 교육 선생님들의 선생님!
호사라 박사

"초등학생 취향 저격! 집에서도 모든 어린이가 쉽게 문해력을 키울 수 있는 즐거운 활동을 선별했어요!"

★ 서울대학교 교육학 학사 및 석사
★ 버지니아 대학교(University of Virginia) 영재 교육학 박사

분당에 영재사랑 교육연구소를 설립하여 유년기(6세~13세) 영재들을 위한 논술, 수리, 탐구 프로그램을 16년째 직접 개발하며 수업을 진행하고 있어요.

바빠쌤이 알려 주는 '바빠 영어' 학습 로드맵

'바빠 영어'로 초등 영어 끝내기!

바빠 파닉스 ❶, ❷

바빠 사이트 워드 ❶, ❷

바빠 영단어 Starter ❶, ❷

영어동화 100편

바빠 3·4 영단어

바빠 5·6 영단어

바빠 5·6 영어 시제

바빠 3·4 영문법 ❶, ❷

바빠 5·6 영문법 ❶, ❷

바빠 5·6 영작문

※ '바빠 공부단 카페(cafe.naver.com/easyispub)'에서 바빠 영어 시리즈의 학습 자료와 지도 팁을 확인하세요!

초등 입체도형 계산을 한 권으로 끝낸다!
10일 완성! 연산력 강화 프로그램

바쁜 초등학생을 위한 빠른 입체도형 계산

알찬 교육 정보도 만나고 출판사 이벤트에도 참여하세요!

1. 바빠 공부단 카페
cafe.naver.com/easyispub

네이버 '바빠 공부단' 카페에서 함께 공부하세요! 정해진 기간 동안 책을 꾸준히 풀어 인증하면 다른 책 1권을 드리는 '바빠 공부단' 제도도 있어요!

2. 인스타그램 + 카카오 플러스 친구
@easys_edu   🔍 이지스에듀 검색!

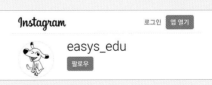

'이지스에듀' 인스타그램을 팔로우하세요! 바빠 시리즈 출간 소식과 출판사 이벤트, 구매 혜택을 가장 먼저 알려 드려요!